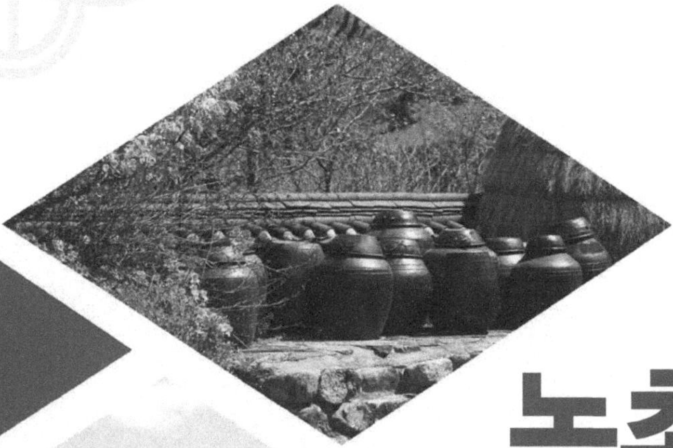

농촌 치유자원 활용기법

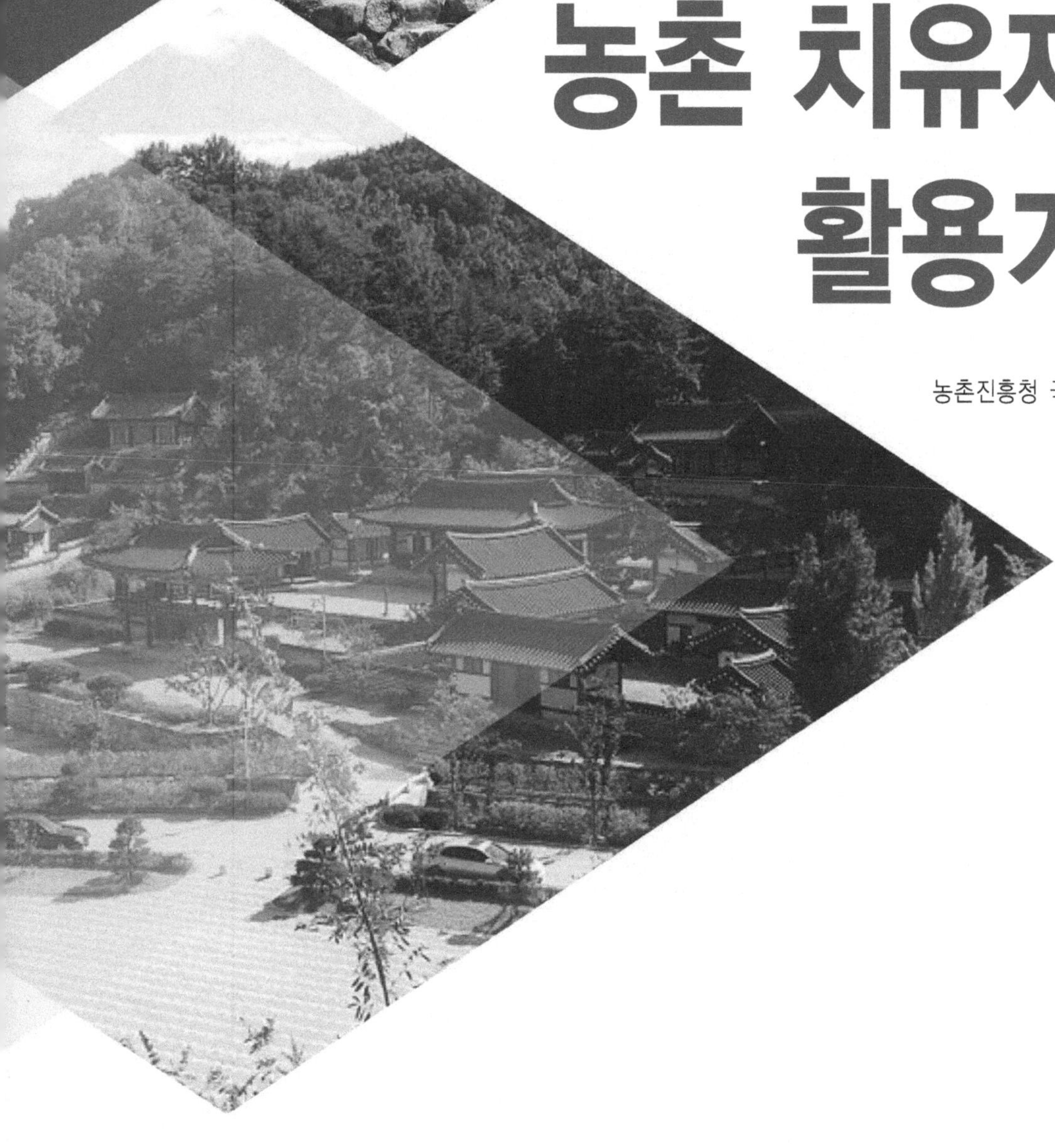

농촌진흥청 국립농업과학원

Jinhan M&B

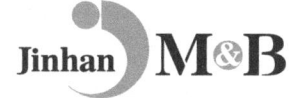

목 차

1. 농촌 치유자원을 활용한 농촌 치유마을 만들기 ·· 1
   - 국립농업과학원 기술지원팀
     조록환 농업연구관

2. 농촌 수자원을 활용한 치유기법 ··················· 11
   - 아리원건강펜션
     이세구 박사

3. 자가건강진단기법 및 기기활용 요령 ············ 37
   - (주)메디코어
     이재호 부장

4. 효소 온열요법의 농촌 적용방안 ····················· 63
   - (사)자연치유포럼
     박포 상임이사

01

농촌 치유자원을 활용한 치유마을 만들기

국립농업과학원 기술지원팀
조록환 농업연구관

농촌 치유자원을 활용한 농촌치유마을 만들기

농촌진흥청 국립농업과학원 조록환 농업연구관

Ⅰ. 농촌 치유자원

1. 농촌 치유자원의 이해

우리나라 농촌에는 매우 다양한 자원들이 있다. 농촌의 치유적 환경과 자원들이 있어서 농촌은 도시에 비해 치유적 경쟁력이 우위에 있다. 치유자원이란 인간에게 몸과 마음을 치유할 수 있는 기능을 가진 자원이라고 할 수 있다. 방문객의 건강상태에 따라 치유적 효과가 다를 수 도 있는 점을 간과해서는 안 된다.

2. 농촌 치유자원의 선발

농촌의 많은 자원들 중에 치유자원으로 선발하는 방법에 대해서 정리하면 다음과 같다. 우리마을에 많이 있는 자원 중에 치유효과가 큰 자원을 1차적으로 선택하는 것이다. 그 중에 치유적 효과가 크고 많은 사람들이 찾을 것으로 예상되는 자원을 선발하면 된다. 치유적 효과에 대해서 사전에 학습하여 준비해 두어야 하는데 동의보감, 본초강목, 민간요법, 치유건강식, 치유요법자료 등에 나타난 치유적 지식을 활용하도록 한다. 농촌마을마다 가지고 있는 환경, 기후, 자원, 치유기술, 목표고객 등에 따라 활용할 치유자원을 최종 선발한다.

3. 농촌 치유자원의 관리

치유자원이 선발되어 치유기법을 도입하여 최종적으로 프로그램을 완성되어 운영이 되더라도 자원이 고갈이 되면 치유적 효과는 기대하기 힘들기 때문에 치유자원이 원활이 공급될 수 있도록 관리해야 한다. 약초와 같은 자원은 미리 재배하거나 들과 산에 씨를 뿌려서 필요한 시기에 채취해서 활용하도록 한다. 그리고 외국에서 도입한 자원의 경우 증식시켜서 필요한 때 공급할 수 있도록 재배관리 기술을 습득하도록 한다. 예를 들면 당뇨에 좋다는 모링가나무의 경우 외국종으로 묘목구하기 어렵기 때문에 증식을 통하여 당뇨예방과 치유에 활용한다. 농촌치유자원 시범포장을 조성하여 치유자원해설과 더불어 방문객들에게 치유와 학습을 할 수 있게 한다.

4. 농촌 치유자원별 치유기법

농촌의 다양한 자원의 특성과 효능에 따라 다양한 치유기법을 도입할 수 있다. 수자원의 경우 크나이프요법, 냉온탕요법, 스파요법, 수압안마 등이 있다. 숲의 경우 숲치유, 숲속 치유숙박, 피톤치드요법 등이 있다. 여러자원이 복합적으로 활용하여 치유코스를 개발하고, 나아가 치유적 기능을 확인하도록 한다. 다양한 치유기법을 습득한 후 자원의 특성에 따라 맞춤식으로 적용한다. 왕겨의 경우 태운 왕겨를 효소온열요법에 활용하는 것이 그 예이며, 부가가치도 높다.

II. 농촌치유마을 만들기

1. 농촌치유마을의 이해

농촌치유마을이란 농촌의 다양한 자원과 치유기법을 도입하여 치유목적의 방문객을 대상으로 치유프로그램을 운영하여 치유적 효과를 거양하고, 관련 농특산물을 판매하게 된다. 농촌치유마을은 방문객에는 몸과 마음의 치유를 제공하고 농촌주민들에게는 소득증대를 가져오게 된다. 농촌치유마을은 기존의 농촌체험마을과는 차별화되어야 하며 구체적으로 다음의 표와 같다.

구분	농촌치유마을	농촌체험마을
방문목적	체험관광	치유
위치적 경쟁력	도시 근거리 지역	도시 원거리 지역
운영프로그램	체험프로그램	치유프로그램
숙박기간	단기	중장기
전문적 기술	체험기획, 스토텔링, 문화관광해설 등	치유농업, 숲치유, 수치유 등

2. 농촌치유마을 인력

　농촌치유마을만들기의 핵심은 치유마을공간조성 및 프로그램을 기획하고 운영할 수 있는 전문적 인력의 확보이다. 기존의 마을사람들을 치유전문가로서 역량을 갖추도록 교육과 훈련이 필요하다. 마을주민들을 대상으로 치유사업장을 방문하고 치유프로그램을 체험하고 직접 운영함으로서 전문적 기능을 학습하게 한다. 마을주민들의 능력에 한계가 있다면 전문인력을 영입하거나 업무협약을 통하여 지원을 받아야 한다. 외부전문가와 마을주민들이 치유마을 운영하는데 있어서 역할분담을 통하여 방문객들이 효과적으로 치유할 수 있게 한다. 치유관련 전문가로서는 산림치유사, 자연치유상담사, 마사지사, 스포츠클리닉 전문가 등이 있다.

3. 농촌치유마을 구성요건

1) 농촌치유마을

　농촌마을에 치유사업을 도입하면서 외부사람들에게 널리 알리기 위하여 기존의 OOO체험마을에서 다시 OOO농촌치유마을이라는 브랜드를 개발하고 브랜드 이미지도 만들어야 한다. 기존의 체험중심의 마을에서 새롭게 치유마을로 자리매김할 수 있도록 외관부터 바꾸어 가는 것이 필요하다. 농촌치유마을에는 농촌치유과학실, 농촌치유 숙박시설, 농촌치유식당, 농촌치유상품판매시설, 농촌치유이벤트 장소 등의 하드웨어가 있어야 하며, 또한 농촌치유프로그램, 농촌치유 전문인력, 농촌치유 이벤트, 농촌치유기술 등의 소프트웨어도 필요하다.

2) 농촌치유과학실

　농촌치유과학실이란 고객이 치유프로그램에 참가하기 전에 사전에 자기의 건강을 체크하고 기기나 도구를 활용하여 자기의 건강을 증진할 수 있도록 하는 농촌마을내의 실내공간이라고 할 수 있다.
　치유과학실은 마을마다 꼭 만들어야 할 필수 시설이라고 생각된다. 고객들이 마을을 방문하였을 때 맨 처음으로 치유과학실로 안내하여 자기의 건강상태를 점검한 후 농촌치유프로그램에 참가함으로서 나타나는 변화를 스스로 인지하여 농촌치유프로그램과 마을에 대한 신뢰를 형성하도록 하는 것이다.

치유과학실을 통하여 자기의 건강을 자가진단함으로서 건강상태를 확인할 수 있으며, 이에 따른 치유프로그램도 선택할 수 있게 된다. 고객이 스스로 진단기기를 활용하여 도출된 건강정보를 바탕으로 농촌치유마을에서는 준비된 프로그램을 선택하게 하여 맞춤형 치유활동을 할 수 있도록 지원하도록 한다.

농촌치유과학실에 준비해야 할 건강관련 기기와 시스템을 보면 스트레스/자율신경진단기, 자동 혈압측정기, 인바디, 안마의자, 돌침대 온열기, 스파캡슐, 족욕시스템, 자외선온열기 등이 있다.

농촌치유과학실에 필요한 기기와 서비스기구를 고객이 편하게 활용할 수 있도록 배치하고, 이용방법을 정리하여 벽에 부착하고, 책자나 팜플렛 형태로 준비해야 한다. 그리고 건강진단결과를 해석하기 쉽게 그림이나 도표를 활용하여 벽에 게시한다.

농촌치유마을에서는 고객들의 건강진단결과를 활용하여 치유프로그램별로 특징과 효과를 분석하여 그 결과를 홍보하는데 활용할 수 있도록한다. 고객들의 건강진단결과를 전문가와 함께 검토하고 해석하여 새로운 농촌치유프로그램으로 만들어 가도록 한다.

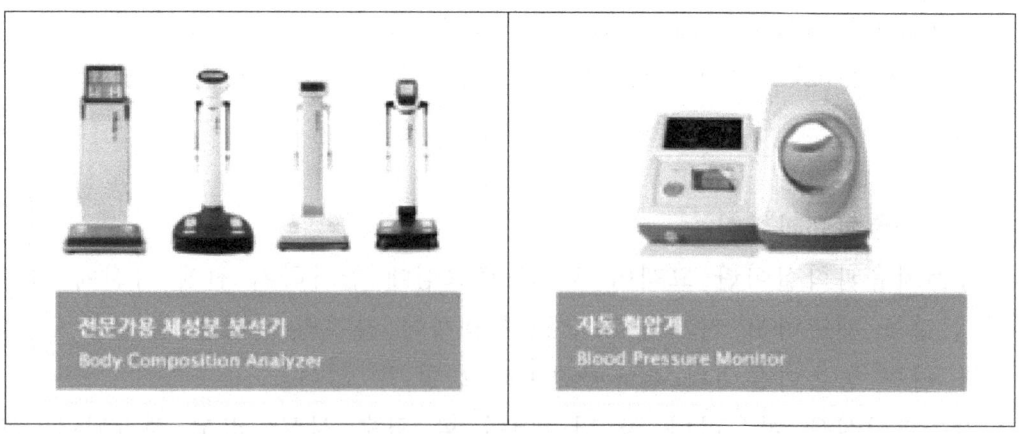

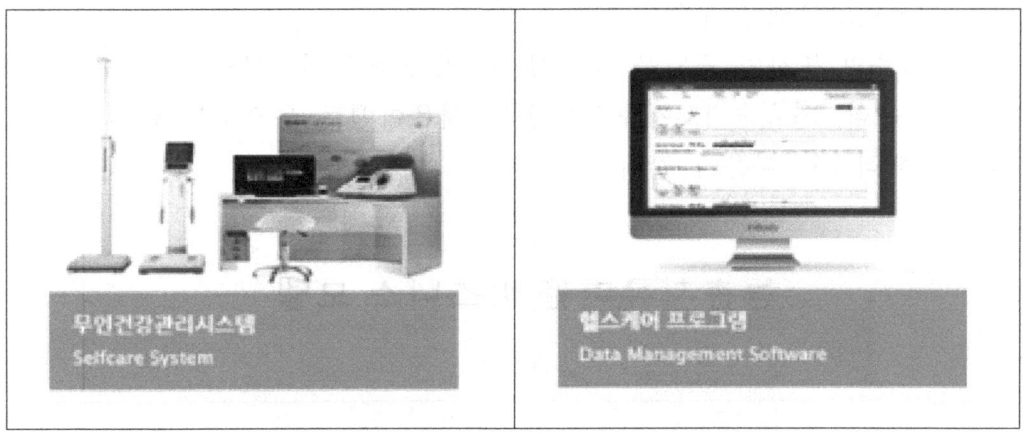

3) 농촌치유 프로그램

기존의 농촌체험마을이 농촌치유마을로 변하도록 하려면 우선 농촌체험에서 탈피하여 치유적 효과를 가져오는 치유프로그램을 마련하고 치유적 기작을 설명할 수 있어야 한다. 수자원을 활용하여 체험마을에서는 뱃놀이, 뗏목놀이, 낚시체험 등이 이루어졌다면, 치유마을에서는 수치유요법, 크나이프요법, 허브목욕, 허브족욕 등을 개발해야 할 것이다.

4) 농촌치유 시설과 장소

농촌치유마을의 시설도 치유에 도움이 되도록 리모데링 하는 것이다. 기존의 숙박시설을 치유적 기능을 할 수 있도록 목욕탕, 벽면 등을 편백나무 소재로 교체하고, 족욕이나 목욕요법을 적용하는 것이다. 체험관도 치유활동을 할 수 있도록 공간과 구조를 변경하고 치유에 필요한 도구를 비치하도록 한다. 단순한 체험이 아니라 꾸준히 장기적으로 치유를 할 수 있도록 공간을 만들어가야 한다. 치유시설로는 대표적인 것이 스파, 찜질방, 숯가마, 효소온열요법시설, 치유놀이터 등이다.

4. 농촌치유마을 비즈니스

농촌치유마을 운영을 통하여 도시민 방문객에게는 몸과 마음을 치유하도록 하고 농촌주민에게는 소득향상이 목표인데 과연 경제적으로 혜택을

주는 비즈니스모델은 무엇일까?

  농촌치유의 통하여 수익을 창출할 수 있는 비즈니스모델은 치유프로그램, 치유음식, 치유숙박, 치유판매상품, 치유이벤트 등으로부터 얻는 수익이며 구체적으로 다음과 같다.

  첫째, 농촌치유프로그램 수익을 기대할 수 있다. 농촌치유프로그램 참가비가 주소득원으로 방문객이 많아지면 비례하여 증가하게 되는데 마을에서 수용능력에 한계가 있다. 발전단계별로 보면 초기에 기대할 수 있는 수익구조이다. 예를 들면, 허브테라피, 숲치유프로그램, 물치유프로그램, 족욕프로그램 등이다.

  둘째, 농촌치유마을에서 운영하는 치유식당 수익이다. 농촌에서 나는 치유적 식소재를 활용하여 치유음식을 개발하여 치유고객의 요구에 대응한 서비스를 추진한다면 기대소득이 가장 많을 수 있다. 치유식당이 치유맛집 명소로 만든다면 상시 수익이 발생할 수 있다. 치유식당, 치유카페, 치유푸드트럭, 치유식품 등이다.

  셋째, 치유숙박에 대한 수익이다. 기존의 숙박시설과 차별되게 시설 내

외부를 리모델링하여 치유적 기능을 갖추도록 만든 숙박시설을 만들어야 한다. 치유숙박 장기로 숙박하면서 치유를 원하는 방문객을 유치하면 장기적으로 소득이 증가하게 된다. 이 때 숙박과 연계하여 치유프로그램, 치유음식도 함께 제공하면 효과적이다.

  넷째, 치유목적의 마을 방문객을 대상으로 마을에서 개발한 치유상품을 판매하도록 한다. 식당과 연계하여 치유상품 전시판매문화공간을 조성하여 방문객들이 치유판매상품을 판매하도록 한다.

  다섯째, 치유이벤트 입장료와 지역 농특산물 판매수익이다. 치유측제, 치유디너파티, 치유음식경진대회, 치유세미나 등을 개최하게되면 농촌치유마을의 홍보는 물론 지역경제활성화에도 기여할 수 있다.

02

농촌 수자원을
활용한 치유기법

아리원건강펜션

이세구 박사

농촌 수자원을 활용한 치유기법
(크나이프요법 중심으로)

아리원건강펜션 이세구 박사

Ⅰ. 수치유의 원리와 이해

1. 물의 정의와 몸의 수분구성

우리의 몸은 50~70%의 수분으로 이루어져 있다는 것은 이미 널리 알려진 일이다.

아기가 잉태되어 자궁 안에 양수에서 자라나는 태아가 태어날 때 7~80%의 수분 함량을 가지지만 나이가든 노인이 되면 50%까지도 떨어지고 피부가 건조해지면서 심한 탈수나 수분부족이 오기가 쉽다.

이러한 수분부족은 나이든 분들에게는 목숨을 위협하는 치명적인 일이 되기도 한다.

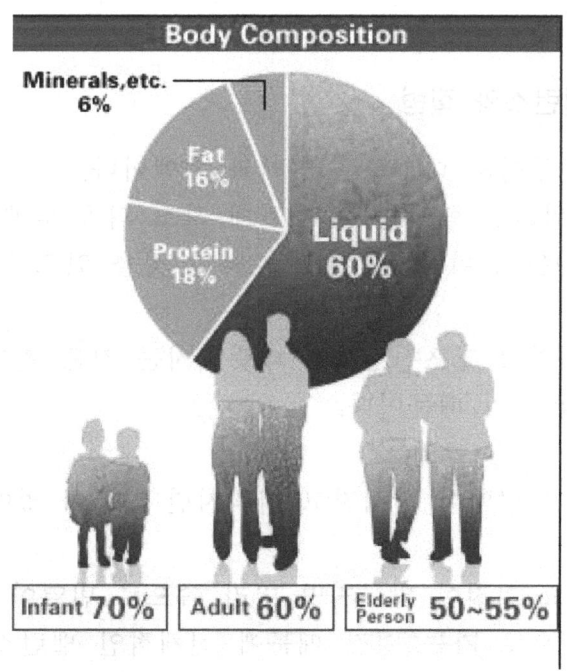

우리 몸의 수분은 체중에 50~70%를 차지할 만큼 몸의 구성에 있어 절대량을 차지하고 있고 매일 호흡과 음식물을 통해 1~2리터의 수분을 섭취하고 소화를 거친 대사산물을 대소변과 땀 그리고 호흡을 통한 수분배출이 이루어지고 있다. 몸이 정상적인 상태가 아닌 불편한 형태가 되면 몸은 밸런스 유지를 위해 수분배출을 과도하게 줄이거나 질병으로 심한 배출이 일어나는 비정상상태로 바뀐다.
　이러한 상태가 지속적으로 일어나면 체액이나 혈액상태의 변화가 오고 기혈(氣血) 순환상태가 나빠지면서 질병의 형태와 통증이나 증상들이 나타나게 되는 것이다.

　수(水)치유는 우리 몸의 절대적 비중을 차지하는 수분 특히 혈액과 체액의 밸런스를 외부의 물을 활용해 우리 몸을 건강하게 유지 할 수 있게 하는 자연치유법이다.
　어떤 물을 마셔야 하며 어느 정도 마셔야하고 외부 적인 물을 활용해서 치유하는 방법까지 전반적으로 다루는 분야가 수치유라 말할 수 있다.
　여기에서는 음용하는 물이 아닌 외부적인 수자원을 활용한 수치유를 주제로 독일의 자연치유중에 가장 널리 알려진 크나이프 요법을 중심으로 알아보고자 한다.

2. 몸의 수분밸런스와 질병

　우리 몸의 수분구성의 대부분은 혈액과 체액이다.
　수치유의 기본원리는 혈액을 잘 흐르게 하고 피를 맑게 하는 것이다.
　기(氣)와 혈(血)은 같이 가는 것으로 막힌 곳을 있으면 통증이 오고 냉증이 생긴다.
　체온의 잘 지켜지고 말초신경까지 따뜻해지는 것은 혈액이 잘 순환되면서 체온유지가 잘 되기 때문이다.

　열성질환이 생겨 혈액이 탁해지고 더워지면 기운이 없어지고 의욕이 떨어진다.
　스트레스가 많고 걱정이 많아지면 머리 쪽으로 번열이 생기고 화(火)는 위로 수(水)는 밑으로 가는 성질 때문에 전체적인 밸런스가 무너지고 몸의 저항력이 약해지는 것이다. 그러므로 혈액이 맑고 깨끗하면 몸의 기혈순환이 잘되고 나아가 체온유지도 잘 되는 것이다.

수치유는 기본원리는 흐르는 물을 통한 기혈순환의 촉진과 냉온(冷溫)요법으로 대표되는 몸의 저항력 강화와 배출을 통한 디톡스Detox 이론이라 할 수 있다.
물의 속성은 몸의 겉과 속이 같이 흐를 수 있게 하는 것과 온수로 몸을 데우면 모공이 열리면서 노폐물이 빠진다. 그러나 오랫동안 더운물 목욕을 하면 나른해지고 열린 모공으로 냉기나 탁한 기운을 재흡수하기 쉬워지므로 조심하여야한다.
반면 냉수욕은 근육의 수축을 가져와 모공을 닫고 체온보다 낮은 수온 때문에 몸에서는 체온을 유지하려고 하면서 오히려 자체적인 열을 발생시키는 것이다.
그러므로 면역기능이 좋아지고 에너지 저항성이 높아지게 되는 것이다.

냉수마찰이나 북극곰 수영처럼 냉수를 활용한 치유법도 많이 활용되고 있다.
크나이프도 자신의 결핵을 다뉴브강의 10~15도 온도의 목욕으로 저항력을 키웠다고 한다. 그러나 냉수요법은 소음인과 같이 몸이 찬 사람이나 질병의 상태가 심한경우는 짧은 시간 안에 냉수요법을 끝내고 온수나 온열요법을 병행하는 것이 좋다.

다음은 혈액의 맑기와 성분구성이다.
노폐물이 많이 끼어있거나 혈액이 탁한 경우 수치유의 용해작용을 통해 제거 할 수 있고 혈액을 맑게 하는 여러 가지 음식요법과 허브나 산야초 차를 마셔서 맑게 하는 과정을 병행하는 것이 좋다.

3. 신이 주신 최고의 자연치유제 물

이 말은 크나이프의 『나의 수치료법(*Meine Wasser-Kur*)』(1887)에서 표현된 말이다.
현재까지 자연치유의 영역 중에도 독보적으로 많은 사랑을 받는 크나이프의 수치료법의 근원적 탄생의미와 시대적 배경을 살펴봄으로서 수치유의 중요성을 살펴볼 필요가 있다.

"기적의 의사"(Waibel, 1955), "인류의 조력자"(Burghardt, 1988)로 찬양받았던 시골출신의 이 평범한 신부가 19세기 독일 자연치유 운동을 대표할 뿐만 아니라 독일인들의 집단기억에 뿌리를 내릴 수 있었던 크나이프 요법이 오늘날까지 알려진 대중성에 대한 설명 중 하나는 그의 생애자체에서 찾을 수 있다.

가난한 직조공의 아들로서 외부의 후원 없이는 정규교육조차 받기 어려웠던 그의 성장환경은 훗날 적절한 의료혜택을 받기 힘든 빈민들에게 물과 허브, 소박한 식사와 운동이라는 손쉬운 치료법을 스스로가 수치유법을 통한 경험으로 의사는 아니었지만 신부의 직함으로 병들고 가난한 사람들에게 제시함으로써 폭발적인 인기를 얻게 만들었던 것이다.

그의 인기가 전 사회계층을 아우를 수 있었던 원인은 크나이프 요법이 함축하고 있는 메시지가 19세기 후반 독일의 시대정신과 일맥상통했기 때문이다.
수치료의 크나이프의 자연요법은 근대화와 산업화에 대한 전반적 비판에서 탄생한 독일 생활개혁운동(Lebensreformbewegung)의 일부로서, 비록 그 자신은 뚜렷이 인지하지 못했다 하더라도 시대의 본질과 과제가 요구되고 상통되는 것이라 볼 수 있다.

또한 크나이프 요법이 오늘날 독일 '기억의 장소(lieux de mémoire)' 가운데 하나로 자리 잡게 된 근본적인 원인은 독일제국 시기의 자연치유운동이 갖는 생태학적 맥락과의 관련성 속에서 파악된다. 독일 생태운동의 기원들 가운데 하나가 19세기 말의 생활개혁운동에 있음은 주지의 사실이다. 자연요법에 대한 관심이 1970년대 이후 빠르게 되살아난 이유 또한 이 시기에 활발해진 환경운동과 더불어 이른바 "생태학의 시대"(Radkau, 2011)로 접어든 독일의 자화상에서 찾을 수 있다.

19세기 초에 시작된 독일 자연치유 운동은 1880년대 이후 독일제국

각지에서 활발하게 진행된 생활개혁운동의 일부로 포함되었으며 곧 그 대표주자로 부상했다.

그것은 19세기 대체의학의 한 줄기를 형성하는 동시에, 오늘날 독일사회에서 점점 지지자들을 늘려가고 있는 생태주의 사상의 원류이기도 하다.

독일 생활개혁운동은 산업화와 도시화가 삶을 피폐하게 만든다는 문제의식에서 연원한 것으로, 구체적으로는 자연보호, 고향보호, 동식물보호, 기념물보호, 교육개혁, 종교의 개혁, 복장개혁, 식생활 개혁, 금주, 금연, 채식주의, 나체문화, 생체해부·예방접종 금지운동 등 상이하고 이질적인 일련의 주장들을 담고 있다. 그것은 청년운동과 여성운동 등 성인남성 중심의 기성세력에 도전하는 대안 집단들의 움직임까지도 포괄했으며, 사상적으로는 낭만주의, 자연주의, 사회주의, 무정부주의, 평화주의, 신비주의, 민족주의, 심지어 반유대주의에도 두루 걸쳐 있었다.

이러한 극도의 다양성은 '자연친화적 생활방식'을 지향한다는 공통분모 아래 수렴되었다. 전통적인 금기들을 혁파했다는 점에서 자연치유 운동을 비롯한 생활개혁운동은 '사회의 근대화'에 기여했다고 평가받지만(Regin, 1995: 453), 그보다는 근대화가 함축하는 문제들을 비판하고 이에 도전했다는 점에서 근대성이 갖는 양면성을 잘 보여준다. 수치료를 비롯한 자연요법에 대한 사회 각층의 호응은 이러한 주장을 뒷받침할 수 있는 대표적인 사례이다.[1]

---

[1] 2016 제바스티안 크나이프와 독일 자연치유운동 자연주의와 근대의학 사이에서˙ 고유경

Ⅱ. 크나이프요법

1. 제바스찬 크나이프(Sebastian Kneipp, 1821-1897)에 대해

제바스티안 크나이프는 1821년 5월 17일 슈바벤의 슈테판스리트(Stephansried)라는 농촌에서 가난한 직조공의 아들로 태어났다. 그는 12세 때 가정형편 때문에 정규교육을 중단해야 했고, 당시의 관행대로 아버지의 직업을 따라 직조공이 되었다.

크나이프는 23세에 먼 친척인 메르클레(Matthias Merkle) 신부의 후원 덕분에 딜링엔의 김나지움에 입학하여 딜링엔과 뮌헨에서 신학공부를 시작했지만 그의 건강상태는 좋지 않아 이듬해 결핵 진단을 받았다.

크나이프 신부
1821~1897

이 시기에 크나이프는 뮌헨의 왕립도서관에서 요한 지그문트 한이 1738년 집필하고 외르텔이 1833년에 새로이 펴낸 수치료법 안내서를 접하게 된다.

이 책이 크나이프 테라피의 원조 격인 책으로 마지막 희망처럼 그대로 실천하면서 몸을 치유하게 되었다.

딜링엔으로 돌아온 그는 1849년 11월부터 도나우 강의 강물로 주 2-3회 냉수치료를 시작했으며, 그 밖에도 반신욕과 샤워법을 통해 건강을 회복할 수 있었고 자신의 '실험결과를 토대로 주변 사람들에게 적용해가면서 점차 수(水)치료법에 대한 확신을 얻었다. 후일 기본적인 이 책의 치유의 이론을 기반으로 많은 임상을 토대로 해서 "My Water Cure 나의 수 치료법"를 저술하게 된다.

이 책은 크나이프가 살아있는 동안에 62쇄를 찍었고 1921년에 90쇄를 돌파했으며 지금은 전 세계로 번역되어 자연치유와 수치유의 근간서적으로 인정받고 있다.

2. 뵈리스 호펜에 대해 www.bad-woerishofen.de

현재 독일에서 크나이프의 수 치유 대표도시는 뵈리스호펜이다.

이곳은 독일 동남부 바바리안(예전에는 독일지방색으로 동남부지방 사람들을 야만인이란 의미로 바바리안이라 불렀음) 지역으로 뮌헨 서쪽에 인구 14,000명 정도의 작은 도시이다. 과거 주민들은 목축업 등에 종사하던 작은 마을이었으나 이곳이 '크나이프 도시'로의 성장하게 된 것은 크나이프가 이곳에 신부로 부임하여 『My Water Cure 나의 수치료법』 출간 이후 이곳을 찾는 환자들이 쇄도하면서 부족해진 치료소 건립 사업으로 시작되었다. 뵈리스호펜에 크나이프 요법을 시행하는 치료소가 최초로 세워진 것은 1889년의 일이었다.

그가 40년 넘게 활동했던 마을은 독일에서 가장 유명한 요양과 치료의 도시로 성장했다.

현재는 온천장 내지 휴양지를 뜻하는 '바트(Bad)'라는 단어와 결합된 뵈리스호펜의 정체성은 전적으로 크나이프의 활동으로 인해 만들어진 것이다.

이후 크나이프 신부가 사망하는 1897년까지 뵈리스호펜에는 무려 132개의 호텔 겸 치료소가 신축되었는데, 이는 폭발하는 수요를 감당하기 위한 것이었다.

이후 본격적인 수치유 시설들과 함께 호텔, 펜션등이 건립되고 1920년에 온천까지 개발되면서 본격적인 치료 요양도시로 탈바꿈이 되었다.

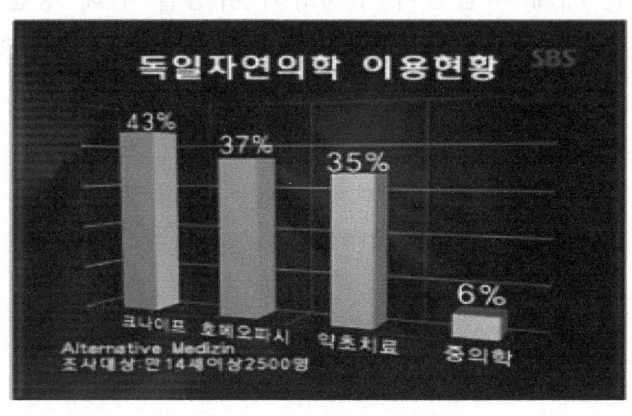

지금은 한해 100만 명이 넘는 사람들이 치료와 요양을 목적으로 이곳을 방문하고 있으며 뵈리스호펜시 전체 관광수익은 년 1억 4,000만유로(약 2,000억)에 달하고 크나이프 수치유 관련 업무종사자만 약 8,000여 명에 이른다고 한다.

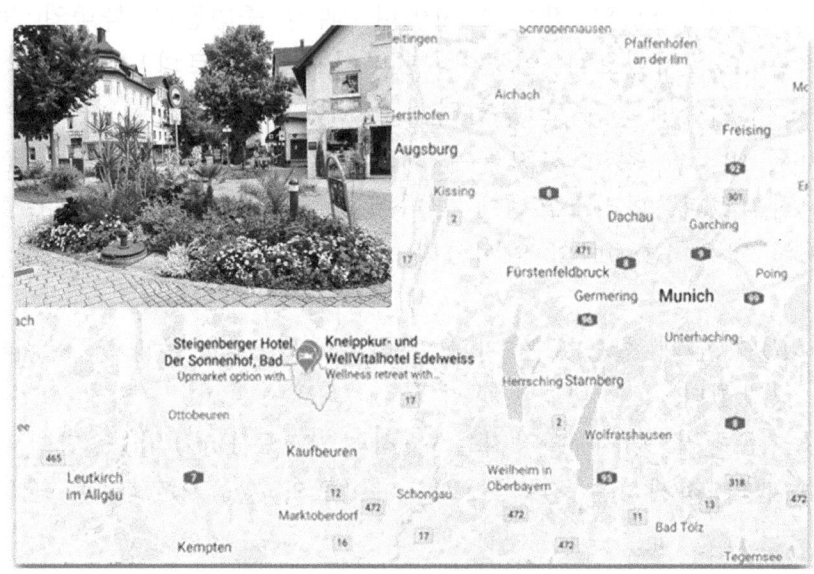

뵈리스호펜의 지리적 위치와 마을풍경

뵈리스 호펜은 독일자연의학 이용자들 중 가장 많은 사랑을 받는 크나이프 요법의 원조지역이자 근대 독일자연치유운동의 중심에 있다고 할 수 있다.

이는 작은 시골마을이 수자원을 활용한 수치유와 크나이프 신부의 노력과 헌신으로 전 세계 사람들이 수치유와 휴양을 위해 방문하고 혜택을 누리는 온천휴양도시로 탈바꿈한 좋은 사례가 되고 있는 것이다.

3. 크나이프 요법의 특성과 5 Piller

 질병의 원인과 치료에 대한 크나이프의 입장은 단순하다. 모든 질병은 혈액순환의 문제에서 기인하며, 이를 치료하는 물의 기능은 3가지, 즉 병의 원인이 되는 균을 '용해'하고, 이를 체외로 '배출'시키며, 신체를 '단련'하는 것으로 요약된다.

 그러나 수치유가 가지는 특성 때문에 이를 보완해서 전체적인 자연치유능력을 확대하여 완전치유를 하기 위해 5가지의 원리요법을 보완하여 치유하고 있다.

 1) 물 요법 (Hydro theraphie)
 물 (Wasser, Water)은 널리 알려진 "크나이프 치유법"의 핵심으로 열(熱)과 냉(冷)을 다스리는 가장 이상적인 활용방법이다. 치유와 연계하여 일반가정에서도 냉온 샤워법을 통해 대체치유를 할 수 있으며 지속적인 케어로 몸의 대사 작용과 정화작용, 체액 및 혈액순환을 도와주고 방어기전과 면역기능을 높여주는 자연치유방법이라 할 수 있다. 그의 수치유법 저서인 "My water cure"에서도 물은 건강과 활력을 유지하기 위해서 필수적이고 아주 좋은 약이며 가장 자연적이고 가장 사용하기 쉬운 치료 약이라고 말하고 있다.

 수 치유법은 냉수욕, 약초 욕, 관수에 이르기까지 약 120이 넘는 여러 가지 물 치료 요법이 있는데, 이 중 몇 가지는 용이하게 활용 할 수 있다.
 예를 들면 아침에 더운 샤워 후에 냉수욕을 하는 것 만으로 이상적인 자극제가 된다.
 팔과다리에 부분냉수욕은 몸과 마음에 원기를 주는 것과 동시에 극도의 정신적 피로에도 효과가 있다.
 감기 기운이 있을 경우 체온을 상승시키는 발 족욕을 조기에 행하는 것을 추천한다.
 두통과 정신적 피로, 육체적 피로에 크나이프라면 얼굴 목욕(안 욕)을 권할 것이다.
 가장 잘 알려진 크나이프의 요법은 수중 보행이다.
 한 번만의 치료에도 수중 보행은 몸을 단련시킨다.

그래서 대사를 활발하게 하는 것이 명백하다.

The Five Pillars of the Kneipp™ Philosophy

Water

Water is an ideal conductor of heat and cold and as such forms the core of the famous "Kneipp-Kur". Practiced at home, the alternating hot and cold water showers will stimulate your circulation and get your body's immune defense system in top form.

Plants

The theory of the healing effects of specially selected herbs and plants is the result of thousands of years of experience. Kneipp has always set great store by high concentrations of natural plant extracts in its formulas and products for your health.

Exercise

Regular physical exercise (preferably outdoors) without the pressure of competition noticeably improves your general sense of well-being. It revitalizes the entire organism and strengthens the body's natural immune defenses.

Nutrition

A balanced diet is the foundation of a healthy and active life. This does not mean following diets and nutrition plans but rather consciously enjoying a varied and balanced diet.

Balance
A balanced lifestyle - the basis for a healthy, active, and satisfying life. Water, plants, exercise, and nutrition: Each of these elements contributes uniquely to your health and enjoyment of life. Yet, according to Sebastian Kneipp, it is the interaction of all four elements that keeps the body and spirit in equilibrium.

2) 약초요법 (Phytotheraphie) - 약초 (Heilpflanzen) / 식물 (허브)

자연은 우리들이 건강을 유지하기 위하여 필요한 여러 가지를 풍부히 주고 있다.

크나이프 창업 이래 110년 이상을 거쳐서 식물 (허브)과 그 치료 효과에 관해서 연구를 계속하고 있다. 그 중에 축적된 풍부한 경험과 현대과학의 지식에 기초해서 항상 식물(허브)의 힘 (에쎈셜 오일)을 최대한 활용해서 모든 소재를 가장 적합한 밸런스로 배합해서 최고의 상품을 만드는 것을 목적으로 하고 있다.

에쎈셜 오일은 의약품뿐만 아니라 영양보조제품, 식품, 보디 캐어 제품, 예를 들면 차, 입욕제, 크림 등에 사용되고 있다.

옛날 사람들은 식물 (허브)로 병과 부상에 치료했다. 그 후시대가 지나고 기술이 진보해서 식물은 본래 갖고 있는 다양한 유효성 성분에서 보다 강력한 성분만 추출 또는 합성적으로 만들어 낼 수 있게 되었다.

현대 의학에 필요 불가결의 의약품의 원료나 치유기전의 성분을 합성해서 대량생산함으로 오는 부작용과 약해(藥害)등이 문제시되고 있는 것도 사실이다. 그래서 최근에는 다시 천연제의 식물(허브)로 자연치유 쪽의 추출물로 쓰는 방식으로 유도 되고 있다.

여기에는 각종 유용한 허브의 다양한 성분이 밸런스 맞게 심신의 조화를 도모하게끔 만들어 수 치유를 돕고 있다.

3) 운동요법 (Bewegungs theraphie)

태만한 정서는 체력을 저하시키고, 트래닝은 몸을 강화하나, 과도의 부담은 건강을 해친다. 라고 크나이프는 얘기하고 있다.

운동 (Bewegung) 요법을 시작하려는 사람은 일상 생활에 운동을 넣어서 정기적으로 경쟁형태가 아닌 생활스포츠를 하는 것은 건강을 계속적으로 증진시킴과 함께 체력을 강화할 수 있고 웰빙Wellbeing의 기본이 되며 몸의 건강과 자연치유력을 배가 시킨다.

크나이프 시대의 사람들은 낮에는 대부분 심한 육체적 노동에 종사하고 있었다.

그 때문에 밤이 되면 실로 피로해서 더 운동을 할 의욕이 없었다. 그럼에도 크나이프의 가르침은 운동은 주요한 역할을 부가해주고 있다.

[만일 기계가 오랫동안 바람과 비로 인해 사용하지 않았다고 하면 곧 그것은 움직이지 않게 되고, 최종적으로는 아주 쉽게 붕괴되어 사용이 되지 않게 된다. 몸에도 바로 이와 같은 일이 일어난다.]고 크나이프는 기술하고 그의 저작 안에, 정기적인 운동의 작업을 지시하고 있다.

19세기와는 다르게 현대인들은 과도하게 머리를 쓰고 몸을 움직이지 않으며 앉아서 하는 일에 종사하고 있고, 짧은 거리의 이동에도 차를 사용하며, 여가 때는 아무 운동도 하지 않고 텔레비전 앞에서 시간을 보내는 것이 많다. 그 때문에 크나이프가 추천 장려하는 것은 몸과 정신의 운동과 조화를 지키는 것은 우리에게도 중요한 문제가 되어 있다.

4) 영양요법 (Ernärungs theraphie)

밸런스를 취한 식사는 건강을 유지하고 활성화하는 생활의 기초가 되어 있다.

여기에 주요한 것은 다이어트와 영양(Ernärung) 섭취계획이다.

크나이프 요법으로 먹는 것은 즉 의식해서 먹는 것을 의미하고 있다.

그러나 이것은 금욕적인 식사는 아니다. 식사를 즐기고 몸 상태가 좋은 것을 느끼는 것이 가장 중요한 것이다.

크나이프 식으로 생활하는 것이 반드시 다이어트가 되는 것이 아니고 이것은 몸 상태가 좋게 느끼는 체중을 유지하고 장시간유지하기 위한 것이 기본 영양식사법이다.

크나이프 신부가 추천하는 것은 그의 전체론적 어프로치에 따라 엄한 다이어트나 규칙, 금지 사항이 아니고 영양이 있는 가능한 저 지방의 식품을 밸런스 있게 섭취하는 것이다.

이것으로 부터도 크나이프가 칭찬한 [간단하면서 영양이 있는 식사]는 현대 영양학에 있어서 오늘날의 인식과도 완전히 일치되고 있다.

현대 영양학이 추천 및 장려하는 것은 [식물성 식품을 많이, 동물성 식품을 적게]라는 모토에 따라서 많은 과일과 야채, 곡류, 유제품 등에 의한 영양 만점의 혼합식이다.

이러한 식사의 전환이 성공을 가져올 수 있다.

건강한 생활을 해서 몸의 밸런스가 좋음을 실감하는 사람은 다이어트를 할 필요는 없는데 그 식사를 풍부한 운동량에 맞는 저 지방의 밸런스가 좋은 식사에 반영하여야 한다.

충분한 야채와 과일 섭취는 신선한 과일과 야채로 배를 채우는 것 만이 아니라, 맛과 영양도 함께 얻을 수 있다.
　이 정도로 칼로리가 낮으면서 활성성분에 풍부한 식품은 다른 것에 없다. 왜냐하면 이것들은 비타민, 미네랄, 식물 섬유 등의 공급에 있어 탁월한 효과를 내기 때문이다.

　또한 동물성 식품의 섭취를 줄여야한다.
　건강적인 식사의 범위 내에서 때로는 고기, 소시지, 지방분이 많은 유제품 등의 섭취를 단념하지 않으면 안 된다. 콩제품과 물고기는 이들에 비해서 아주 좋은 식품인 동시에 영양이 있는 단백질을 공급한다. 특히 물고기를 많이 취하는 것을 권한다.

　수분을 충분히 보급한다.
　하루에 적어도 2리터의 액체 특히 미네랄 워터, 허브 티(herb tea), 프루트 티(fruit tea) 등을 섭취하지 않으면 안 된다. 대량의 수분을 섭취하는 것은 많은 사람에 있어서 어려운데 아래에 있는 비결에 있어서 이것을 스스로 극복할 수 있다.
　탄산이 적은 또는 탄산이 들어있지 않는 물을 마신다.

　신선한 식품의 날을 만든다.
　권하고 싶은 것은 정기적으로 신선 식품의 날을 정해서 그날에는 과일, 야채, 샐러드 등 신선한 식품만 섭취 하는 것이다. 신선한 식품은 맛이 있기에 배를 가득 채우는 것만이 아니라 거기에는 건강을 촉진하는 물질이 풍부히 포함되어있다.

　5) 규칙과 밸런스요법 (Ordnungstheraphie)
　여러 행동에 있어서 밸런스 (균형), 이것은 건강에서 활동적 만족한 생활의 기본이다.
　물, 식물 (허브), 운동 그리고 영양, 이들의 요소 하나 하나는 그 자체가 개개의 건강과 삶의 기쁨에 공헌한다. 그러나 크나이프에 의하면 몸과 마음의 밸런스를 유지하는 것은 이들 4개의 전 요소의 상호작용이다.

　크나이프 이념의 중심에 있는 것은 [자신의 몸에 눈을 돌리고, 좋은 휴식시간이 있는 밸런스를 가진 생활을 하는 것에 의해 몸과 마음의 좋은 상호 작용이 생긴다]라는 전체론적 어프로치이다.

크나이프의 가르침은 전에 보다 빠른 변화, 능률주의에 의한 중압감, 정보 범람에 의한 특징이 오는 바로 이 시대에 상응하는 것이다.
어쨌든 일과를 마친 사람들에게 숙고하며, 긴장을 풀고, 새로운 활력을 보급하기 위해서 마음과 몸을 다시 조화시키기 위해서 자신의 시간에 돌아갈 기회가 필요하다.
긴장을 충분히 풀고, 여러 가지 취미로 즐기는 것에 정기적으로 시간을 내는 사람만이 조화를 얻은 생활 리듬을 얻게 된다. 이 리듬을 크나이프가 150년 이상 전에 [생활 질서의 원칙]으로 삼았다.

여기에 몸과 영혼 (Körper und Seele), 즉 신앙에서 오는 힘(Kraft aus dem Glauben)이 크며 그리고 영적 균형(Seelisches Gleichgewicht)도 건강에 큰 영향을 준다고 보았다.2)

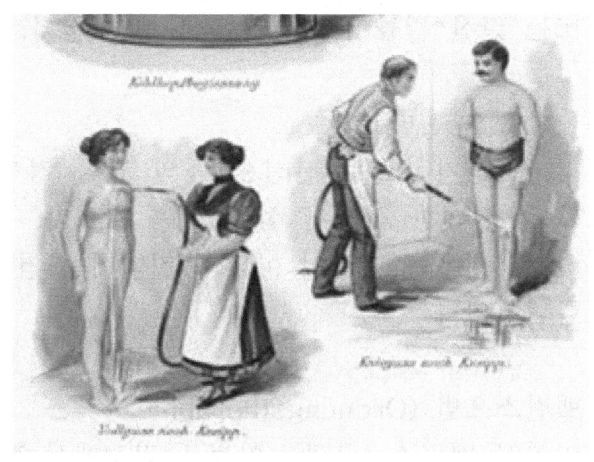

---

2) 자료는 [국제 크나이프 기관/협회]에서 참고하였다.

Ⅲ. "My water-cure 나의 수치료법"

크나이프 신부가 자신의 결핵을 수치유로 건강을 회복하고 그 후 뵈리스호펜 수치유소를 개설하여 30년이 넘는 경험을 바탕으로 집필한 『My Water Cure 나의 수치료법』은 총 3부로 구성되어 있는데, 1부에서는 치료제로서의 물의 효과, 2부에서는 다양한 물치료의 원리와 방법으로 젖은 시트법, 목욕법, 증기욕법, 샤워법, 마찰세척, 붕대법 등 다양한 수치료법을, 3부에서는 질병과 증세에 따른 수치료의 다양한 적용법에 대해 설명하고 있다.

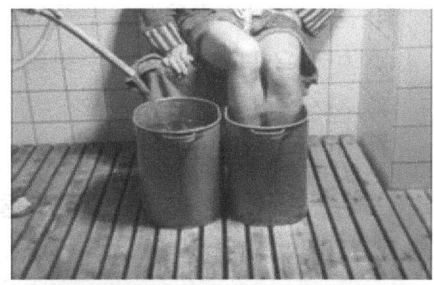
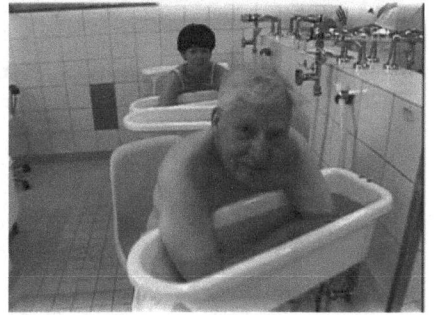

1. 크나이프 수치유법의 이해

크나이프 신부의 수치료법은 19세기 당시의 환경을 고려하고 의술의 수준이나 발달정도, 자연치유와 자연주의운동의 태동 등의 사회적 배경과 크나이프가 비 의료인임에도 신부의 직책으로 가난하고 의료의 혜택을 받지 못하는 사람들을 위해 헌신하였으므로 당시 상당히 중증의 질병도 수치료법으로 개선하고 고친 사례들이 많다.

지금의 시대는 의료기술과 정보의 발달로 많은 질병이나 중환자의 경우 병원혜택을 쉽게 받을 수 있다. 그러므로 "My Wayter Cure"에 소개된 상당부분의 수치료는 병원에서 해결하는 것이 쉽고 빠른 경우가 많다. 그러나 생활에서 쉽게 적용하고 응용할만한 수치료 요법도 많기 때문에 자세한 어플리케이션 및 처방은 생략하고 개괄적인 종류만을 분류해서 몇 가지 소개하고자 한다.

-면역력을 키워주는 하이드로 테라피-

① 맨발로 걷기/ 맨발로 젖은 풀 위나 젖은 돌 위 걷기/ 맨발로 물속 걷기
② 팔다리 냉수마찰/ 무릎샤워/ 손 팔 부분목욕/ 머리목욕/ 눈씻기
③ 족욕/ 냉수족욕/ 온수족욕
④ 반신욕/냉수좌욕/온수좌욕
⑤ 전신욕/냉온탕 전신욕
⑥ 약초혼합목욕/ 미네랄목욕/
⑦ 무릎에 물맞기/ 허벅지에 물맞기/ 하체샤워법/ 등에 물맞기/
⑧ 전신샤워법

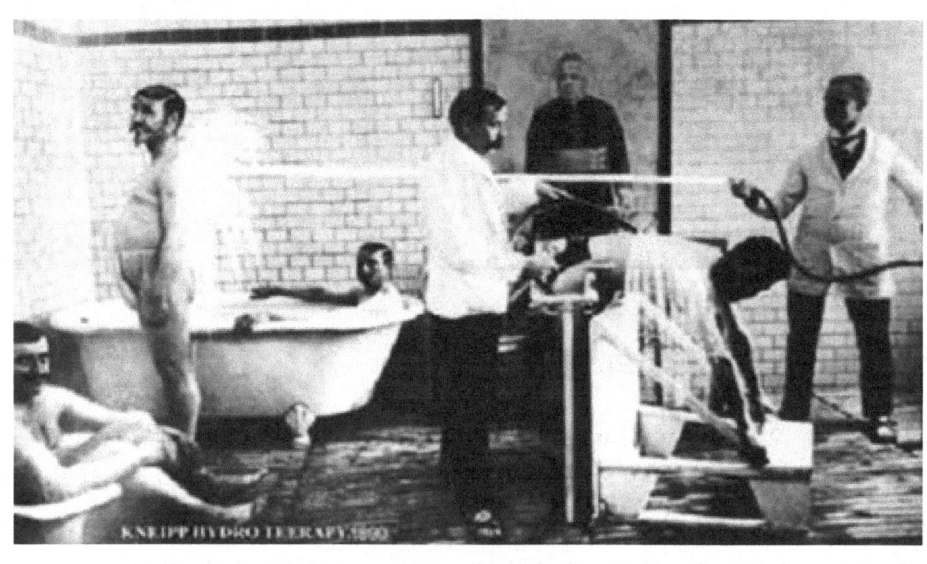

2. 수치유의 적용가능요법

크나이프요법은 일상에서 누구나 쉽게 접근 할수 있는 수치유법이 있는가 하면 독일에는 크나이프 수치유의사도 있다.

그러므로 전문적인 자연치유를 받을 수도 있다. 크나이프 신부는 실제로 병원에서 포기한 환자의 경우로 임상도 하고 병을 호전시킨 사례를 말하기도 한다.

즉 개인의 면역기능 향상과 자연치유력의 회복을 위한 방편으로 물을 쓰는 것일 뿐 약물치료나 기타 전문적인 치료가 없어도 가능한 경우가 많았던 것이다.

현대에 오면서 생활환경과 식생활의 변화 등은 수치유도 많은 변화를 가져오고 있다.

전문적인 질병치료나 현대의학에서 다룰 수 있는 것들은 제외되고 온천욕과 스파, 해수탕, 사우나 등의 온열요법 쪽으로 발달하게 되고 냉수요법만을 쓰는 경우는 많이 줄어들었다.

그러나 지금도 전 세계의 크나이프 동맹에 속해있는 수치유 전문 치료기관에서는 크나이프 요법을 고수하는 곳도 많이 있지만 지역적 특성에 따라 휴양의 개념이 도입되어 온천이나 바닷가, 스파나 월풀등 다양한 형태의 업소들을 운영하고 마사지나 고급스러운 스파등을 접목해서 수치료 보다는 휴양과 휴식에 맞게 수치유의 개념을 도입하고 있다.

> -크나이프 요법에서 사용되어 응용 발전시킬 수 있는 수치유 방법-
> ① 냉수치유/ 온열요법/ 냉온요법,
> ② 습포요법/ 젖은 붕대요법/ 망토요법
> ③ 온천요법/ SPA요법/ 해수탕
> ④ 온천수 미스트요법 (피부가 마시는 온천수)
> ⑤ 마이크로 버블링/ 육각 자화수/ 지장수 요법
> ⑥ 이온 미네랄 허브요법/ 맞춤식 입욕제
> ⑦ 한약제 처방 목욕요법

3. 크나이프 수치료법의 새로운 해석

크나이프 요법은 19세기에 자연주의 정신과 맞 물려있고 누구나 쉽게 접근 할 수 있는 "물"을 치료의 개념으로 도입하여 많은 사람들을 살리고 독일뿐 아니라 전 세계적으로 수치료에 대한 인식을 바꾸었다.

크나이프 신부도 지적 하였듯이 비 의료인으로서 물을 가지고도 믿음과 자비 봉사로 이어지는 진실한 마음이 특별한 의학적이고 전문적인 질병에 접근하지 않아도 치료가 되는 기적을 낳았다.

당시 죽을병이었던 결핵에 걸려 지푸라기라도 잡는 심정으로 시작된 수치료는 의사들이 포기한 환자들로부터 임상에 자신감이 붙고 소문을 듣고 찾아오는 사람들 때문에 종교적 치료소를 개원하고 확장하면서 그 명성을 쌓았다.

크나이프가 믿는 것은 하나님의 인간창조에 자연치유 회복력이 있다고 믿고 물을 통해 스스로의 면역력을 향상시키고 운동과 약용식물인 허브 그리고 영양섭취와 밸런스 즉 규칙적 생활과 마음치유를 묶어 다섯 가지의 치유법을 병행함으로 치료하는 방법을 구축한 것이다.

그러나 인체의 70%가 물이고 그 중심에는 혈액이 있고 이를 맑게 해 주고 해독하고 막힌 것을 뚫어주는 것을 기본으로 하고 스스로가 운동을 통해 체온을 높이고 필요한 허브와 함께 영양을 보충하는 몸의 치료와 마음을 다스리고 명상이나 요가 또는 규칙적인 생활습관들을 바로잡으면 몸과 마음을 건강하게 만들 수 있는 것이다.

하루의 피로와 스트레스가 따뜻한 샤워나 목욕 혹은 사우나에 가면 피로가 풀리고 기분이 좋아지는 경험은 누구나 해보았을 것이다.

19세기 독일에서 시작된 수치료는 상단부분 이미 우리의 생활에 들어와 있고 너무도 편리하게 경험 할 수 있다.

그러나 수치료는 한 부분이고 시작이다. 자신의 환경에 맞는 운동과 음식 그리고 명상의 생활화나 스트레스를 해소하고 마음치유를 할 수 있게 방법을 찾는 다면 건강한 인생을 살아갈 수 있을 것이다.

평균수명이 늘어나서 100세 시대를 앞둔 시대에 겉으로는 건강해 보일지 몰라도 물질적 환경적 스트레스에 마음고생을 많이 하면서 지쳐가는 현대인들이 가까운 농촌에서 다양한 수치유와 음식치유, 자연치유를 통한 가족 간의 휴식과 소통, 에너지 충전을 할 수 있다면 이것이 건강하고 아름다운 사회를 만들어가는 지름길이 될 것이다.

이 시대에 크나이프 수치유법의 의미를 재해석 한다면 스트레스와 정신노동이 많은 머리의 화를 잘 다스릴 수 있는 것이 물이고 종아리 아래 물을 흘러가게 하는 수치유 시설만 해도 머리의 열이 내려갈 것이다.
즉 현대인들에게 가장 필요하고 쉬운 크나이프의 수치유를 새롭게 인식해야 할 것이다.

Ⅳ. 한국농촌에서의 수치유의 적용방법

우리나라는 70%가 산이고 3면이 바다로 둘러싸인 나라다.
잠재적 물 부족국가이긴 하지만 금수강산(錦繡江山)이 말해주듯 우리나라의 물은 세계적으로도 좋은 수자원을 가지고 있다. 이러한 환경적 강점을 농촌에서 지역적 특성을 활용한 수자원을 수치유를 근간으로 하는 농촌치유를 자연치유나 장기 휴양, 나아가 음식치유 등을 통한 지역경제의 특화와 활성화를 꾀할 수 있을 것으로 본다.

1. 지역적 특성과 수자원의 활용

우리나라의 수자원은 바다, 강, 계곡, 호수, 연못과 같이 형태적으로 분류해서 활용해서 수치유로 활용할 수 있는 마을이 있고 천연온천이나 지장수 혹은 좋은 약수처럼 특별한 수자원도 있다.
또한 호텔이나 사우나, 목욕탕, 스파 등 인위적인 형태로 만든 업소도 많다.
수치유는 시설을 만들어 자원으로 활용할 수도 있고 또는 기존 수자원을 활용해서 부가적인 서비스나 전체적인 치유코스로 만들어 확장 시킬 수도 있다.

중요한 것은 특성에 따른 수치유 만으로는 고객 만족이 쉽지 않다는 점이다.

이미 모든 서비스 산업이 소프트 위주의 산업으로 재편되고 수치유도 특성에 따른 차별화 및 패키지화로 나름 스토리를 구축해야할 뿐 아니라 음식치유며, 허브 혹은 한약제 그리고 트래킹 같이 여러 가지가 시너지를 낼 수 있게 만들어야 한다는 것이다.

또한 코디네이터나 전문가를 양성해서 개별맞춤 서비스를 통한 수치유 및 생활습관, 음식치유, 운동 처방 그리 지역 문화와 관광, 특산품까지 연계해서 뚜렷한 테마를 가지고 고객유치를 할 수 있어야 할 것이다.

기본적으로는 노령인구의 증가로 마을 스스로 수치유 시설을 통한 복지적 혜택을 누릴 수 있어야 하고 계곡물을 활용한 쉼터나 공동 족욕탕, 혹은 마을 사우나탕이나 목욕시설 등이 갖추어져 사업의 관점보다는 마을 어르신들의 건강증진과 만족도를 높이고 나아가 외부의 손님을 받게 해서 소득 증대에 이바지 할 수 있게 해야 할 것이다.

또한 수치유와 연계해서 함께 할 수 있는 소프트웨어를 고려하여 특수한 분야로 집중할 수 있는 요소를 고려해 아이템 특화를 생각해보고 나아가 농촌의 고령화를 염두에 둔 편안하게 접근 할 수 있는 시설구조물로 가져가야 할 것이다.

크나이프 수치유의 각종 시설물들

 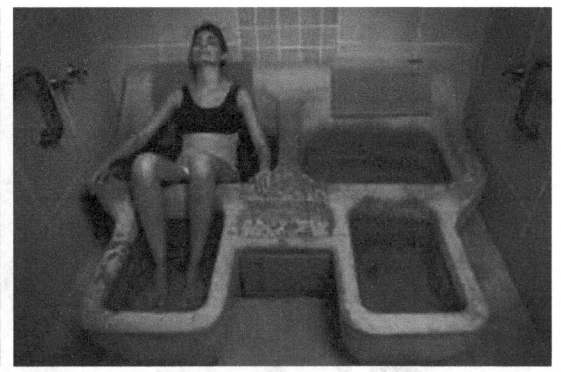

2. 강화도의 반도해양심층수를 활용한 수치유 사례

강화도는 내륙에서 3개의 강(한강, 임진강, 예성강)과 바다가 만나는 곳으로 이곳에서 6년 전 용출된 반도 해양암반 심층수는 온천수이지만 수온이 25도 정도이다.

그러나 그 구성성분이 특이해서 이 온천수에 수영을 하고 스파를 하면 아토피에 특효가 있는 것을 발견하여 KAIST와 공동연구 끝에 아토피에 잘 듣는 입욕제와 함께 특허를 받아 현재 펜션과 함께 수치유 수영장 및 스파를 운영하고 있다.

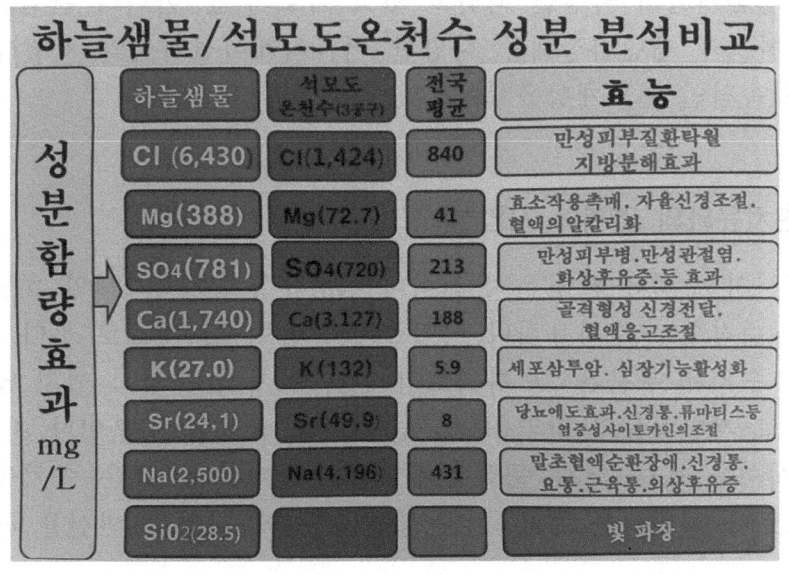

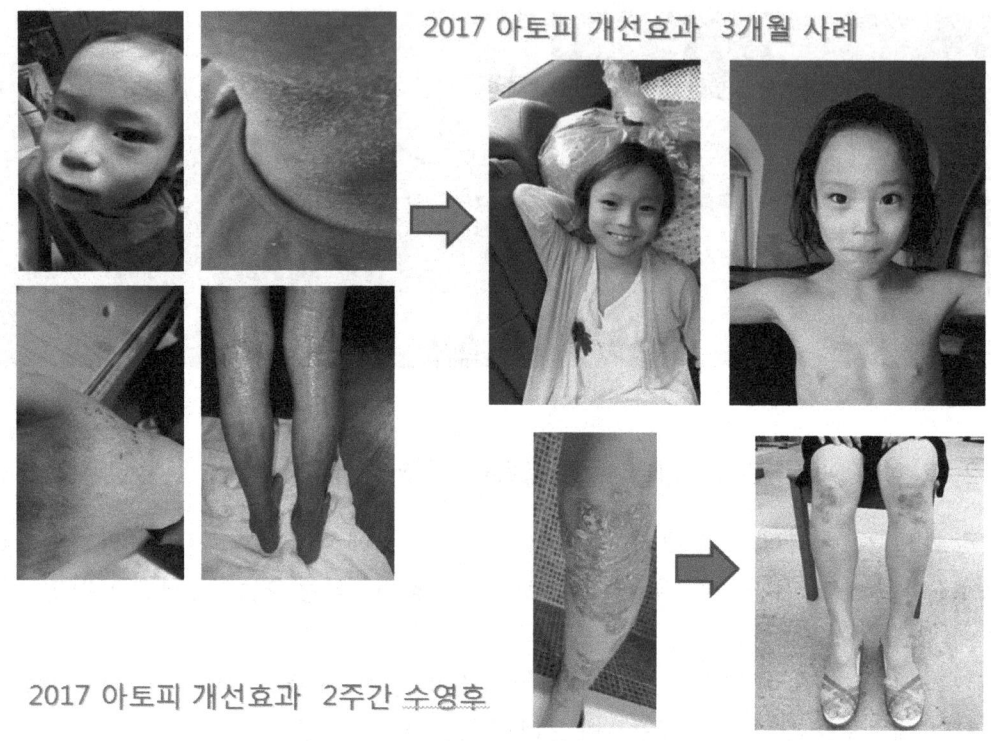

2017 아토피 개선효과 3개월 사례

2017 아토피 개선효과 2주간 수영후

　이곳은 조만간 수치유 전문 리조트로 확장계획을 가지고 있으며 자연치유 교육센터와 수치유 관련 시설 및 전문 인력이 투입되어 본격적인 수치유 관련 상품개발의 확장을 꾀하고 있고 아토피 뿐 아니라 관절염과 신경통, 류마치스와 갱년기장애등 다양한 어플리케이션에서의 체험사례가 보고되어 지속적인 연구개발을 하고 있다.

3. 농촌치유와의 연계와 사업성

　농촌에서의 수치유 사업은 온천이나 심층수등 원수 자체의 효능이 좋을 경우는 상대적으로 투자유치나 사업설계가 용이 할 것으로 본다.
　그러나 수치유 부분은 그 자체로서 만은 독자적 운영이 쉽지 않다.
　그러므로 자연치유의 영역 중에 숲 치유등 공유할 부분이나 지역특성에 맞는 음식치유 또는 역사 문화유적지와의 연계사업, 혹은 수치유와 함께 휴양리조트나 실버타운 등의 설계 및 디자인에 다양한 변신을 생각해 볼 수 있다.

My Water Cure에서도 언급되었지만 수치유를 통해 면역기능이 쉽게 향상되면서도 일상에서 쉽게 적용할 프로그램들이 많이 있다.

각 지역별 둘레길이나 산책로, 등산로나 오솔길 개발등 지자체와 자연의 어메니티를 활용해서 숙박과 음식 그리고 수치유 프로그램을 전문가와 함께 기존시설에다 추가적인 수치유 시설부분과 소프트부분을 함께 상의해 간다면 경쟁력이 향상된 사업모델이 만들어질 수 있다고 본다.

크나이프가 얘기한 5 Piller의 철학도 염두에 두어야 한다.

수치유 만으로는 한계가 있기 때문에 대상별 운동 프로그램과 허브 또는 한약재 그리고 명상이나 요가와 같은 마음을 다스릴 수 있는 프로그램도 연계가 되어야하고 나아가 부차적 상품군도 개발하여 입욕제로부터 오일, 아로마, 산야초 차 등 수치유 캠프이후 가정으로 돌아가서 지속적인 관리가 될 수 있게 하여야 할 것이다.

크게 보면 자연치유의 확장선상에서 수치유가 쉽고 편하게 접근 할 수 있는 방법이지만 이것이 시작이고 궁극적으로는 Body, Mind and Soul처럼 전인치유가 되어야 하고 가정에서는 음식과 운동 그리고 마음을 편하게 할 수 있는 여러 가지 여건과 자기노력이 수반되는 교육프로그램도 만들어져야 할 것이다.

수치유를 통해 건강한 사람은 여가와 휴식을 즐기고 몸이 불편한 사람은 병이 고쳐지며 마음이 불편한 사람은 편해질 수 있는 것이다.

지금은 노인인구의 급격한 증가와 스트레스가 극심한 시대에 살고 있다.

그러므로 농촌치유에 있어 수자원을 활용한 수치유는 활용가치가 매우 크다고 할 수 있다. 그러나 지역적 특성이나 수자원을 활용 할만한 여건에서 복합적인 부가가치가 창출될 수 있게 프로그램과 연계가 되어야 하고 상품성이나 목적하는 시장에 맞게 시설이나 설계가 이루어진다면 농촌치유의 시장에서의 수치유의 미래는 대단히 밝다고 할 수 있다.

03

자가건강진단기법 및 기기활용 요령

(주)메디코어
이재호 부장

자가건강진단기법 및 기기활용 요령

㈜메디코아 이재호 부장

I. 개요

나날이 복잡해지는 사회구조와 과도한 업무 및 학업, 대인관계 등에서 오는 어려움 등으로 인하여 현대인들은 누구나 스트레스(stress)를 경험하며 살아가고 있다. 삶의 모든 영역에 스트레스가 존재하며, 우리는 피해갈 수 없다. 스트레스는 인간이 살아가면서 적응해야 할 어떤 변화를 의미하기도 한다. 우리 몸은 스트레스 상황에 처하면 스트레스에 대한 신체 반응으로 자율신경계의 교감신경계가 활성화된다. 맥박이 빨라지고 긴장, 흥분 상태가 높아지게 되는 원인이 된다. 또한 그에 반응하도록 신체의 자원들이 동원된다. 스트레스를 유발하는 요인은 매우 다양하나 적응의 관점에서 볼 때 스트레스를 어떻게 평가하고 대처하느냐가 중요하다고 볼 수 있다. 이번 내용에는 농촌치유마을(가칭)사업시 다양한 컨텐츠중 치유마을 방문객 대상으로 다양한 건강진단기기 운용시 가장 기본 구성이 되는 스트레스자율신경진단기(HRV측정기기)의 배경이론과 원리, 측정 결과 항목의 유의성 및 현재 운영, 확산되고 있는 산림치유의숲 도입 예를 통해 이해를 돕고자 한다.

II. 스트레스 무엇인가?

많은 사람들이 일상생활에서 스트레스라는 단어를 많이 사용하지만 스트레스가 무엇인지를 물으면 잘 설명하지 못한다. 스트레스가 어떤 거야 하고 물으면 '엄마 한테 잔소리들을 때', '직장상사에게 업무를 제대로 하지 못한다고 질책 받을 때', '살이 많이 쪘다고 생각하는데 계속 먹고 있을 때' 등 다양한 상황에서 스트레스를 받는다고 얘기한다. 스트레스를 받으면 신체는 어떤 반응을 일으키게 된다. 스트레스 반응이란 불안, 우울, 초조와 같은 심리적 반응이나 식욕 저하와 같은 신체적 반응이 나타나게 된다.

스트레스로 유발되는 주요 반응으로는 다음의 표와 같다.

생리적 반응		심리적 반응		행동 반응
동통	불면증	분노	무기력감	혀를 깨문다
변비	근육경련	불안	적개심	발을 동동 구른다
설사	욕지기	무관심	초조	이갈이
입 마름	식욕부진	싫증	주의집중곤란	충동적 행동
과다한 발한	심장박동	우울증	안절부절	긴장성 경련
과도한 배고픔	가쁜 숨	피로	거부	과잉반응
극도의 피로	손 떨림	죽음에 대한 공포	안정감 상실	머리, 귀, 코를 쥐어뜯기
졸도	위장장애	욕구 좌절		
두통	가슴앓이	죄의식		

스트레스는 만병의 근원이라는 말이 있는데 정신과 질환에서도 예외는 아니다. 스트레스가 어떻게 작용하기에 이토록 많은 질환들을 유발하게 될까? 스트레스가 생기면 우리 뇌에는 그에 따라 대응을 하는 시스템이 있다. 맥박을 빠르게 해서 혈액순환을 늘린다. 근육으로 가는 혈액량을 늘린다. 당장에라도 빠르게 몸을 움직일 수 있도록 근육을 긴장시킨다. 호흡을 빠르게 해서 산소공급을 늘려준다. 당장 소화시키는 게 급한 상황이 아니므로 소화 기능은 일단 떨어뜨린다. 이런 다양한 과정들은 편도체, 시상하부와 같은 뇌의 조직, 스트레스 호르몬과 자율신경계(그 중에서도 교감신경계)가 담당을 하고 있으며 몇 초 안에 매우 신속하게 이루어진다. 그리고 이러한 대부분의 과정들이 우리가 이성적으로 의식하기 전에 이미 진행이 된다. 이렇듯 스트레스를 받게되면 자율신경계가 자연스럽게 활성화 되고 그에 맞게 교감신경계와 부교감신경계가 시소처럼 올라갔다 내려갔다를 하면서 균형을 맞추게 된다. 그러나 지속적인 스트레스로 인해 자율신경계 기능이 떨어질 경우 균형을 유지하지 못하고 한쪽으로 치우치게 되는 경우가 발생하고 오랫동안 지속될 경우 질병에 노출되는 상황을 맞게 된다.

Ⅲ. 우리 몸의 자율신경계

스트레스는 자율신경계의 불균형을 유발한다.

뇌는 신경이라고 불리우는 정보의 길을 통해 우리 몸을 지배한다. 정보의 길인 신경은 크게 뇌와 뇌에서 허리까지 연결된 신경의 다발인 척수로 구성되는 중추신경계와 중추신경계에서 몸의 구석구석까지 뻗은 말초신경계로 구분된다. 말초신경은 체성신경과 자율신경으로 나뉘게 되는데 체성신경은 몸의 감각을 뇌로 전달해주는 지각신경과, 근육을 움직일 때 뇌에서 받은 명령을 전달하는 운동신경으로 나뉜다.

자율신경은 심장,폐, 장 등의 내장에 이르러 교감신경과 부교감신경으로 나뉘게 된다. 자율신경의 가장 중요한 기능은 "항상성"을 유지 하는 일인데, 항상성이란 외부 환경이 변해도 생체 내부의 환경은 일정하게 유지하는것이다. 체온조절, 혈액순환, 호흡, 소화흡수, 배설, 면역, 대사, 내분비 등은 모두 항상성을 유지하기 위한 시스템이고, 이를 조절하는 것이 바로 자율신경이다.

스트레스와 항상성(Homeostasis)

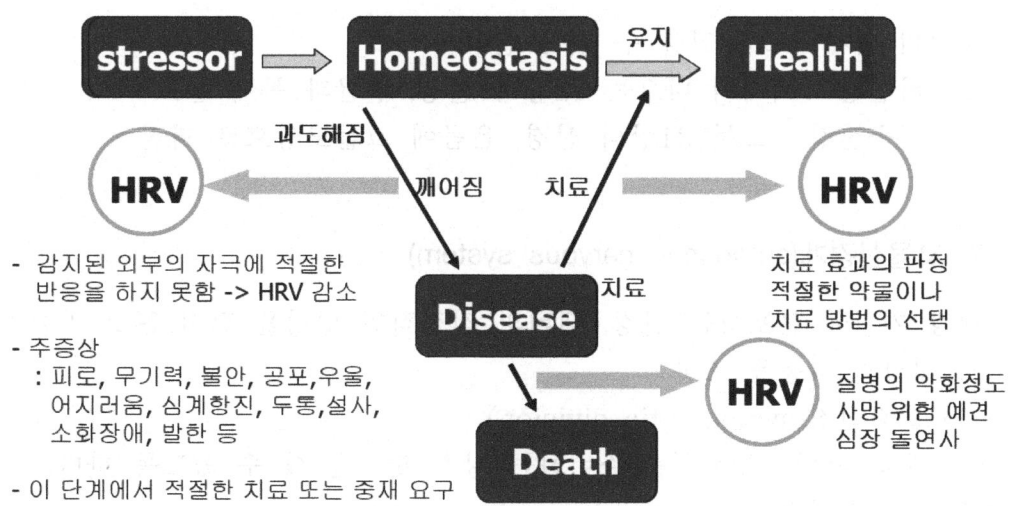

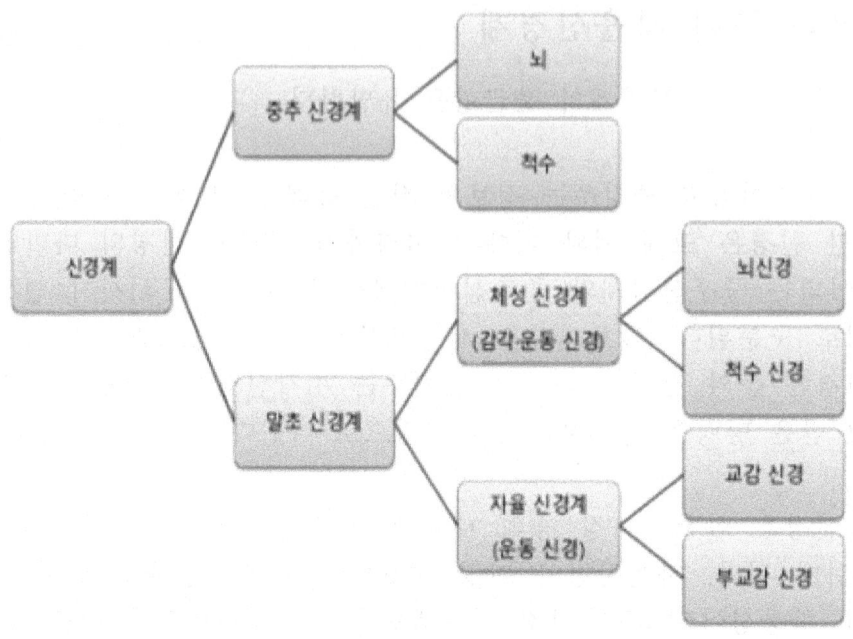

말초 신경계(Peripheral Nervous System[PNS]): 중추 신경에서 뻗어나와 온몸에 퍼져 있는 신경계, 신경(nerve)과 신경절(ganglia)로 구성

1. 체성신경계(somatic nervous system):

우리의 의지대로 조절할 수 있는 신경계
  1) 뇌신경 : 뇌에서 나오는 12쌍의 신경, 얼굴과 목에 본포
  2) 척수신경 : 모두 31쌍의 신경, 온몸에 그물모양으로 퍼짐

2. 자율신경계(autonomic nervous system)

내장 기관에 분포하는 신경, 대뇌의 직접적인 명령을 받지 않고 자율적으로 내장의 작용을 조절
  1) 교감신경(sympathetic division):
     우리 몸이 '에너지'를 소비하는 강한 활동을 할 수 있도록 한다.
  2) 부교감신경(parasympathetic division):
     에너지를 얻어 '보존하는 활동'을 할 수 있도록 한다.

자율신경은 몸의 위기관리 시스템이자, 생명활동을 유지하는데 꼭 필요한 시스템이다.

교감신경계는 엑셀, 부교감신경계는 브레이크에 비유 할 수 있다. 엑셀과 브레이크 둘 다 중요하듯이, 교감신경, 부교감신경 중에 더 중요하고 덜 중요한 것은 없다. 신체가 최적의 기능을 유지하기 위해선 교감/부교감신경의 균형상태가 중요하다.

그럼, 스트레스는 자율신경계에 어떤 영향을 미치는지 알아보자. 자율신경계의 절반은 스트레스 반응 때에 활성화 되고, 나머지 절반은 억제된다. 활성화 되는 자율 신경계의 절반을 교감신경계라고 한다. 교감신경은 위급한 상황에서, 또는 위급한 상황이라 생각 할 때 활성화 된다. 교감신경의 활성화는 에피네프린(아드레날린)과 노르에피네프린(노르아드레날린)이란 물질을 방출해 신체 장기들을 몇 초 이내에 작동시키는 역할을 한다.

다른 절반의 자율신경계인 부교감신경은 반대 역할을 한다. 안정되거나 이완된 상황에서 활성화 된다. 교감신경계는 심장을 빨리 뛰게 하고, 부교감신경계는 이를 진정시킨다. 교감신경계는 혈류가 근육으로 흐르도록 전환시키지만 부교감신경계는 그 반대 역할을 한다. 즉, 교감신경계는 각성, 흥분상태를 부교감신경계는 이완상태를 담당하게 된다.

작용	심장 박동	혈관	호흡	동공	소화액 분비	땀 분비
교감	촉진	수축	촉진	확장	억제	촉진
부교감	억제	이완	억제	축소	촉진	억제

자율신경계는 그만큼 우리 몸의 항상성을 맞추도록 해주는 중요한 신경계로 기능이 제대로 유지되고 있는지를 확인해봐야 한다. 자율신경계 기능진단의 다양한 방법들은 다음과 같다.

Ⅳ. 자율신경 검사법의 종류

- 위장관 운동성 평가
  - 조영제를 이용한 위,장 방사선 검사
- 혈중 자율 신경계 신경 전달 물질 분석
  - 스트레스에 대한 반응에 중요한 호르몬인 코티졸 혈중 농도 검사
- 전기 생리학적 검사(electrophysiology)
  - 심혈관계 및 부정맥 검사
- 피부 전기 반응 GSR(Galvanic skin response)
  - 피부에 자극을 주어 자율신경반응을 보는 검사
- 동공 반사
  - 동공의 확장과 수축 검사
- HRV (Heart Rate Variability)
  - 비침습적인 검사방식(핑거센서), 자율신경계 활동에 대한 정량 분석, 교감 부교감 신경활동을 동시 분석, 전반적인 건강상태를 예측, 육체적 정신적 스트레스 정도 파악, 심장의 전기적 안정도 예측, 각종 치료 요법과 연계하여 사용(호흡, 운동 요법), 세계적인 논의와 연구가 활발히 진행중인 신뢰성 있는 평가 수단(HRV관련 논문 현재 20,000여편 이상)

Ⅴ. HRV 역사

18C 초 혈압과 심박동의 주기적 변화에 대해 최초 언급
1970년대 심근경색 후 사망위험을 HRV 감소와의 관계를 밝혀냈다
1980년대 초 심박변이의 분광 분석(PDS- Power Spectral Density)
1985년 당뇨병 환자의 심혈관 자율신경계 기능 평가
1987년 급성 심근경색 후 HRV 와 사망률과의 관계
(급성 심근경색 후의 사망에 대한 독립적인 예견 지표)
1996년대 뇌졸중 환자의 HRV 감소
1996년 <The Task Force> HRV 분석에 대한 guideline 수립
  - HRV를 이용한 다양한 연구, 논문과 사례들의 표준화 특별전문 위원

회, 명명법의 표준화와 용어 정의, 측정방법의 구체적인 표준화를 정함. 기타 - 고혈압, 영아 돌연사 증후군, 울현성 심부전 ,심장 돌연사 등의 질환과 HRV의 관계에 대한 것이 보고됨. 현재 심장을 지배하는 교감신경과 부교감 신경의 활동을 양적으로 평가하고 자율 신경계 균형을 정량화 할 수 있는 유용한 방법이다. HRV는 원래 심혈관계 장애를 조사, 평가하는데 사용되어진 것으로 특수 육체 노동자들이 보통의 일반인들 보다 심장돌연사의 위험이 많음을 경고함으로써 환자예후에 관한 중요정보를 HRV 분석을 통해 제공 할 수 있다는 사실이 발견된 후 다른 질환에 있어 HRV의 유용성이 있음을 발견하였다.(우울증, 당뇨병, 노화, 신경성 식욕부진, 공황장애, 비만 등)

Ⅵ. HRV 특징

- 우수한 재현성 및 비침습적인 검사 방식입니다.
- 자율 신경계 활동에 대한 정량 분석
- 교감 신경과 부교감 신경의 활동이 동시에 분석
- 자율 신경계 균형 정도를 확인
- 전반적인 건강상태를 예측
- 스트레스에 의한 신체의 반응 정도 확인
- 스트레스에 대한 반응의 급/만성 정도 파악
- 육체적/정신적 스트레스 정도 파악
- 스트레스 관련 질환의 발병 위험 예측
- 피검자의 피로 정도를 쉽게 확인
- 심장의 전기적 안정도 예측
- 기능성 소화 장애의 자율신경학적 해석
- 치료 전후 비교와 약물 효과 판정이 용이
- 각종 치료 요법과 연계하여 사용
- 통계 처리와 논문 작성이 용이
- 세계적인 논의와 연구가 활발히 진행 중인 신뢰성 있는 평가 수단

Ⅶ. HRV의 기본적인 의미

심박동의 변화를 파형으로 분석하여 스트레스에 대한 인체 자율신경계를 가시화하고 현재의 건강 상태 즉, 육체적 정신적 스트레스를 확인 할 수 있다. 심박의 변화를 시간과 주파수 영역으로 자동 분석하여 자율신경계의 활동 및 균형 정도를 정량화한다.

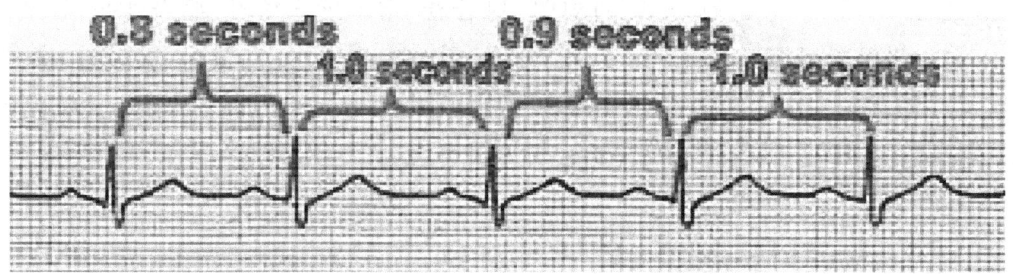

sec : ⋯ -> 0.8 -> 1.0 -> 0.9 -> 1.0 -> ⋯
msec :⋯ -> 846 -> 1044 -> 939 -> 1012 ->...

ECG나 PPG signal 상의 파형의 peak가 검지 되면 peak간 간격이 측정되는데, 이렇게 측정된 심박 간격은 800msec 전후로 끊임없이 변화하게 된다. 이런 심박 간격이 실시간으로 측정되면 이는 또다시 술식에 의해서 실시간 분당 심박동수로 표현 되어 질 수 있는데, 측정된 심박 간격으로부터 계산된 심박동수의 변화 그래프를 HRV tachogram 이라고 한다.

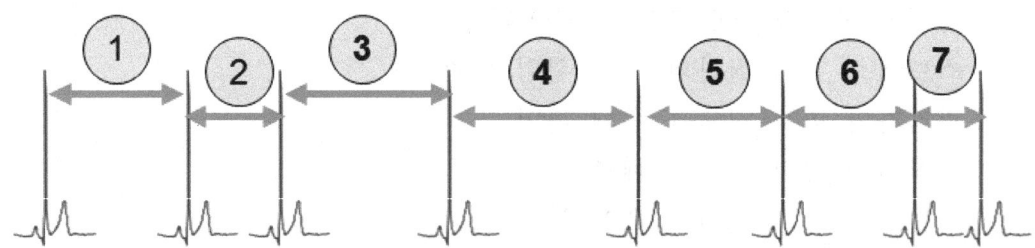

교감신경 활성 - 심박수 증가 - 빨간색 간격 짧다
부교감신경 활성 - 심박수 느려짐 - 빨간색 간격 길다

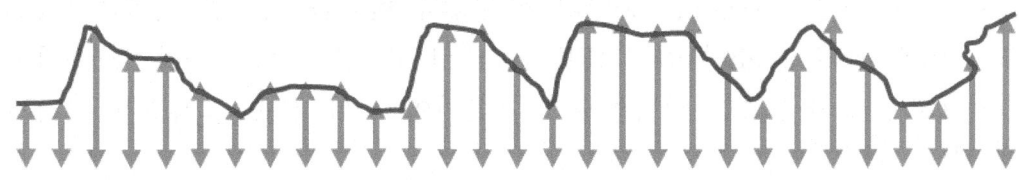

교감/부교감의 끊임없는 활발한 활동으로 인한 R-R간격의 변화를 관찰함

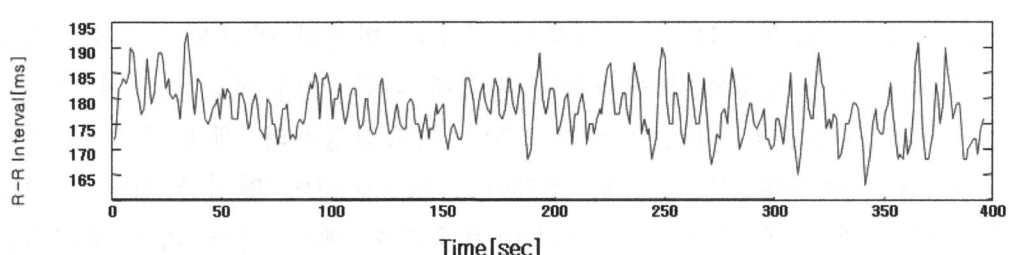

그림1-1 정상인의 심박 변화 (HRV Tachogram in Healthy)

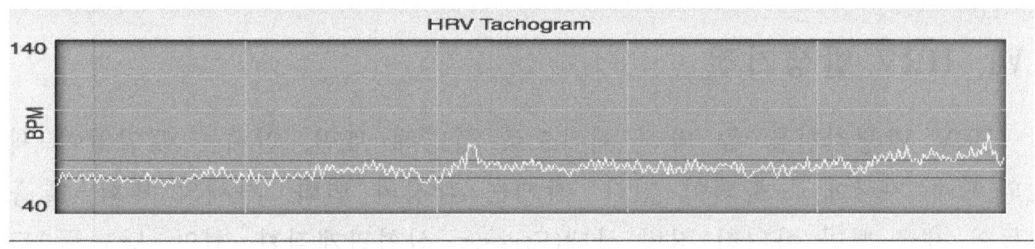

그림1-2 질병 상태의 심박 변화 (HRV Tachogram in Disease)

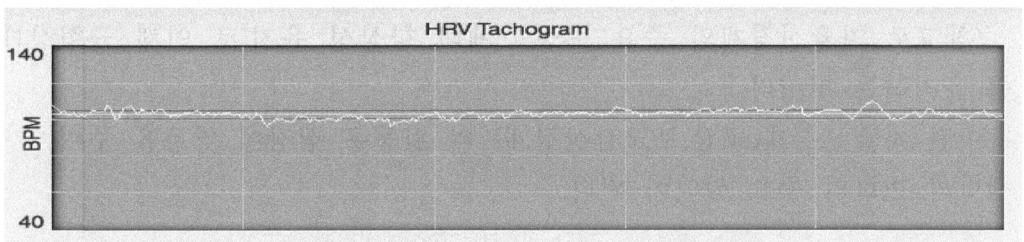

위의 그래프는 기록시간 동안의 심박동의 변화를 기록한 것인데, ECG 또는 PPG 상의 peak간 간격 (RR interval or NN interval)이 측정 되면 그것으로부터 순간적인 심박동수가 계산되어 위와 같은 그래프가 그려지게 된다.

건강한 사람은 위와 같은 그래프가 불규칙적이고 복잡하게 나타나지만 (그림1-1), 질병 상태에 있는 사람의 경우 심박동의 미세한 변화가 매우 단조롭게 나타난다. (그림1-2)

즉, HRV 감소의 의미는 심박동의 역동적 변화의 복잡성이 감소되었음을 말하며 이는 끊임없이 변화하는 환경에 대한 체내 적응 능력의 감소를 의미한다. 박동간의 미세한 변화로부터 자율신경계의 체내 항상성 조절 메커니즘을 추정할 수 있는데, 건강하고 조절능력이 뛰어난 사람은 혈중 산소농도, 체온, 혈압 등에 민감하게 반응하여 빠른 시간 내에 생리적인 균형 상태에 이를 수 있지만 질병 상태에 있는 경우에는 그렇지 못하여 생리적인 균형 상태에 다다를 수 없게 된다.

Ⅷ. HRV 발생기전

HRV 발생기전을 좀 더 구체적으로 설명해 보면, 인체는 끊임없이 체외,체내 자극에 노출되어 있다. 작게는 감정의 변화, 자세의 변화, 호흡 등의 자극 뿐만 아니라 질병 상태(Stress, 심혈관계질환, 혈압, 당뇨.등)도 인체에 가해지는 끊임없는 자극이라 볼 수 있다. 이러한 자극들은 인체 균형상태를 불균형 상태로 만드는 원인이 되고 균형을 유지하기 위하여 ANS(자율신경계)가 활성화가 된다.

(참고로 자율신경계의 주요기능은 '체내 항상성 유지'로 인체 균형상태를 유지하는 것이다.)

이런 자율신경계(교감,부교감신경계) 의 활동은 심장에 영향을 주며, 심박의 변화의 주요 원인이 된다.

IX. 스트레스자율신경진단기의 종류

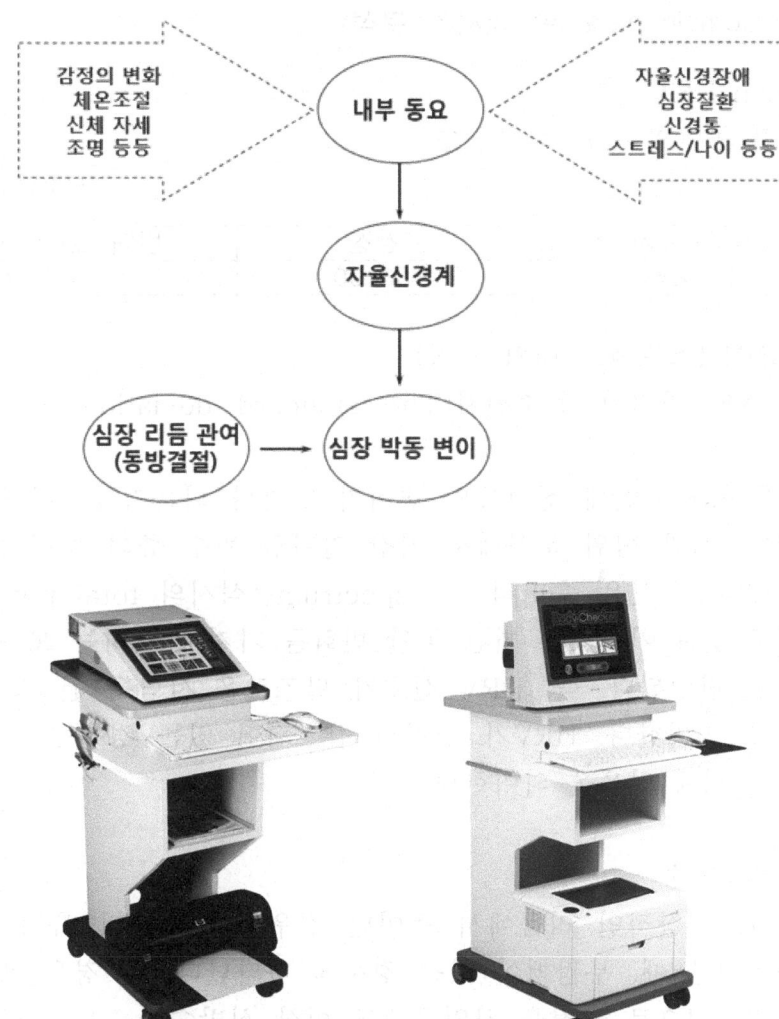

측정센서의 type : ECG 또는 PPG센서

X. 자율신경 & 스트레스 검사 측정 결과 항목 설명

1. Time domain parameters(시간 분석)

1) Mean HRT
기록 시간 동안의 평균 심박동수

(단위 : bpm)

서맥(Bradycardia)	정상	빈맥(Tachycardia)
50 이하	60-90	90이상

2) SDNN (스트레스 대처 능력)
- 전체 NN 간격의 표준편차(The standard deviation of the NN interval)

이는 기록시간 동안에 심박동의 변화가 얼마나 되는지를 가늠할 수 있는 지표이다. 시간 범위 분석에서 가장 간단한 변수 중의 하나이며 분산의 제곱근이다. 분산은 수리적으로 spectrum분석시의 total power와 유사한 의미를 갖고 기록되는 기간 동안 변화를 가져오게 하는 모든 주기적인 요소들이 반영된다. 즉, HRV 신호가 단조로운 사람은 건강하지 못하다라는 것을 의미한다. HRV가 현저히 감소되어 있는 경우는 그 사람이 어떤 질병 상태에 있음을 의미한다.

3) 이상심박수
심박동수가 정상적인 리듬에서 벗어난 경우를 의미하며 측정 중 말을 하거나 움직였을 때, 부정맥이 있는 경우에 나타난다. 이 경우 재 측정이 요구되며 정상적으로 측정을 하였음에도 이상 심박수가 5회 이상 나오고 가슴 두근거림, 흉통, 호흡곤란, 실신 등의 증상을 자주 경험하였을 경우에는 의료진과 상담이 필요함.

2. Frequency Domain Parameters(주파수 분석)

1) Total power - 자율신경계 활성도
VLF, LF, HF을 포함한 5분 동안의 모든 power를 의미한다. 이것은 자율 신경계의 전체적인 활성 정도와 자율 신경계 조절능력 및 신체적 면역성을 반영한다. 대게 만성 스트레스나 질병이 있는 경우에는 자율 신경계 조절 능력 저하로 total power가 건강한 상태에 비해 많이 감소된다. Frequency domain 상의 Total Power는 Time domain 상의 SDNN과 유사한 의미를 갖는다.

2) VLF (Very low frequency)

이 영역에 대한 물리적인 설명이나 메커니즘은 LF나 HF에 비해 덜 정의되어 있는데 대부분은 교감신경의 부가적인 정보를 제공해준다고 인식되고 있다. 이 영역은 체온 조절계와 밀접한 관련이 있는 초저주파 성분이며 rennin-angio-tensin system, 혈관운동, 호르몬 다양한 심폐 메커니즘과 관련되어 있다. 요컨데, VLF의 경우 5분 측정 방식에선 임상적인 해석을 하지 않는 경우가 많다.

3) LF (Low frequency) - 피로감

LF는 상대적인 저주파 성분으로 교감신경계와 부교감신경계의 활동을 동시에 반영하나 대부분 교감 신경 활동의 지표로 활용한다. LF는 정신적인 스트레스와 관련이 있으며 이를 통해서는 생체 내 에너지 공급에 관여하는 교감 신경의 활동의 많은 부분이 설명될 수 있는데, 피로(fatigue) 상태에서 LF는 저하하여 생체 에너지 소실(loss of energy)을 잘 보여준다. 또한 편두통 환자와 같이 교감 신경계 활동이 항진된 환자들에게선 정상의 사람들에 비해서 LF의 변동이 훨씬 더 강하고, b-교감신경차단제인 propranolol에 의해서 LF는 현저하게 감소될 수 있다. 일반적으로 LF가 증가하는 경우에 HRV는 감소한다.

4) HF(High frequency) - 심장안정도

HF는 상대적으로 고주파수 영역이며 호흡 활동과 관련이 있는 성분이다. HF는 부교감신경계(미주신경)의 활동에 대한 지표인데 특히 HF 성분의 전력은 심장의 전기적인 안정도와 밀접한 관련이 있다고 알려져 있다. 심폐 기능 노화 되어 있거나 심장 돌연사로 사망한 환자의 경우 사망 전에 HF는 현저하게 감소되어 있다. HF의 경우는 정상인의 경우 좀처럼 감소하지 않으며 지속적인 stress나 공포, 불안, 근심으로 고생하는 환자나 심장질환 시 낮게 나타난다. 부교감 활동도 감소, 즉 HF의 감소는 는 연령(노화)에 따라 감소하는 HRV의 많은 부분을 설명해 주는데 다른 지표에 비해서 연령에 따라 그 감소의 폭이 크다. 보통, HF가 증가하게 되면 전반적으로 HRV가 증가하게 된다.

자율신경활성도 및 교감/부교감 신경계 파워값 및 정상범위 비교가능

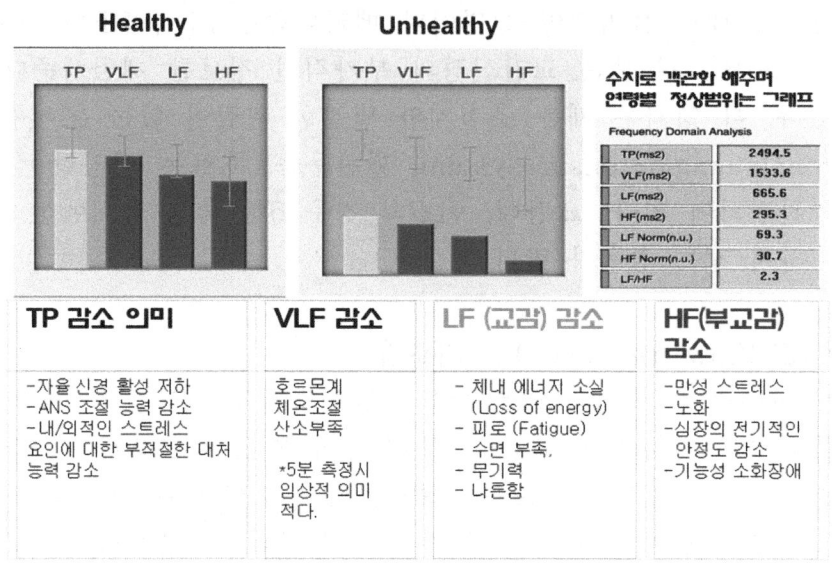

교감신경과 부교감신경의 균형 상태 확인

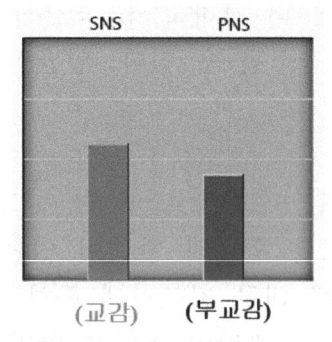

Healthy : 안정상태
SNS : PNS =6:4 ,5:5 ,4:6
(교감이 약간 우위)

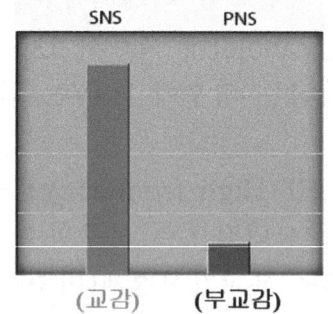

Unhealthy : 자율 신경이상
교감 신경의 과대항진

스트레스 자율신경 검사 측정 결과지 예제

Autonomic Balance Report

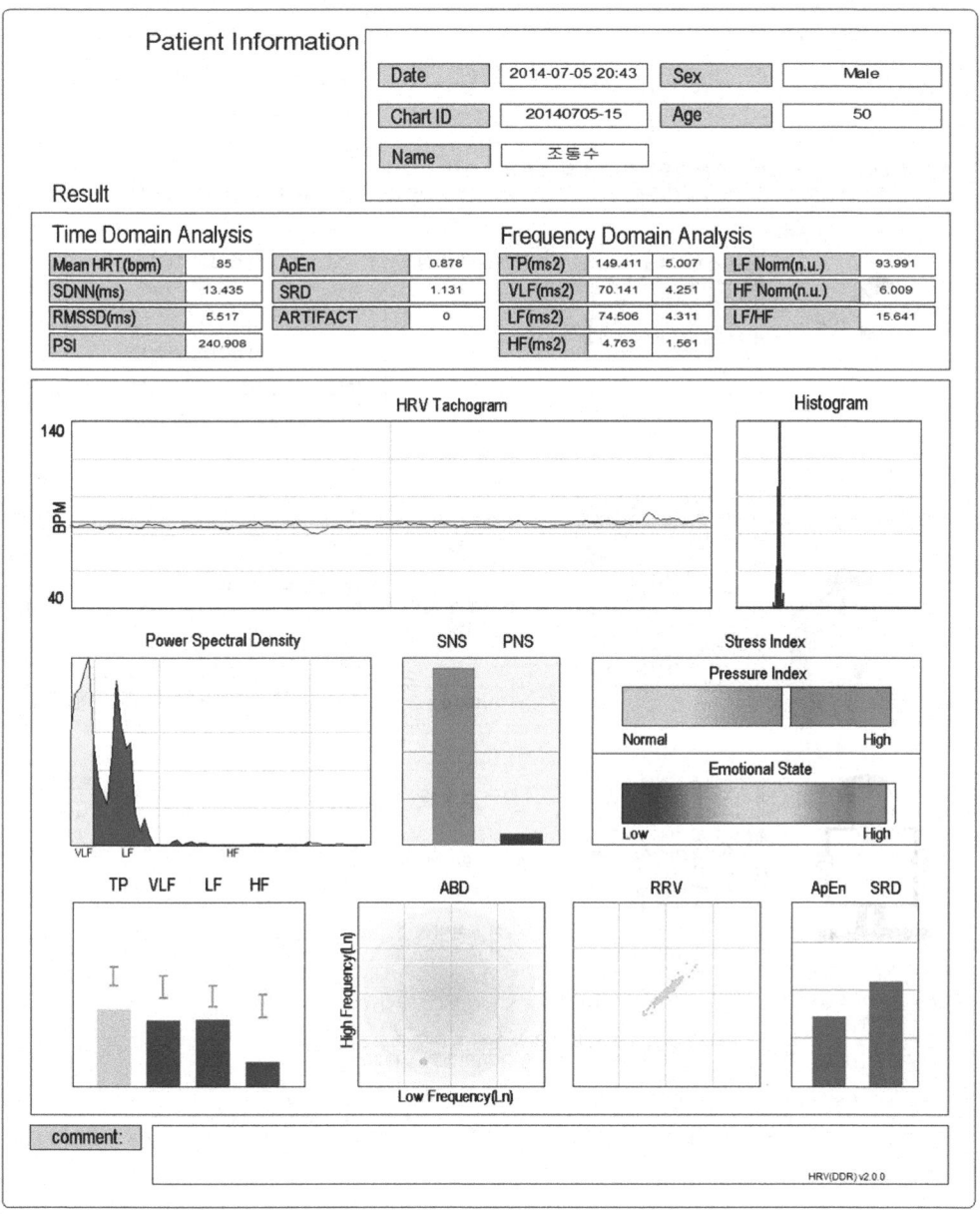

자율신경균형검사
스트레스검사
AUTONOMIC BALANCE REPORT

| Name | 전호용 | Chart No. | 20140705-7 | Sex/Age | M / 50 | Date | 2014-07-05 17:38 |

❖ **자율신경 균형검사**

"차세대 Vital sign=HRV를 이용한 자율신경 균형 및 스트레스 검사"
본 검사는 우리의 신체 조절 능력과 스트레스 저항도 및 피로도 등 전반적인 건강 상태를 확인 할 수 있는 최신 검사 방법입니다.

❖ **자율신경계**

자율신경계란 주로 내장 기관에 분포하는 신경으로 교감신경과 부교감신경으로 구성되어 있으며, 신체불균형 상태를 교정하고 평형을 유지 시켜주는 기능을 담당하고 있습니다.

자율신경 안정도

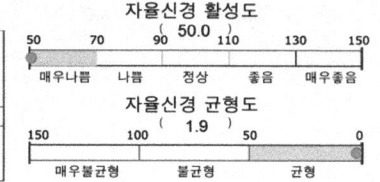
자율신경 활성도 (50.0)
자율신경 균형도 (1.9)

❖ **스트레스**

스트레스란 내적으로 긴장감을 느끼게 하는 것으로서, 외부로부터 오는 압력을 말합니다. 적당한 스트레스는 생활의 촉진제일 수 있으나, 과도한 스트레스는 몸과 마음에 커다란 영향을 미칩니다. 일반적으로 병원에서 시행하는 검사상 특별한 이상을 발견하기 어려운 만성피로, 불면, 소화기계의 이상 등과 같은 질환은 대부분 스트레스와 관련되어 있습니다.

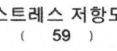
스트레스 저항도 (59)

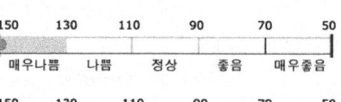
스트레스 지수 (150)

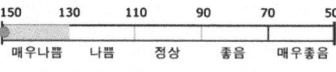
피 로 도 (150.0)

❖ **심 장**

심장은 피를 전신에 순환시켜 산소와 영양소를 공급하고, 지속적이고 안정적으로 움직이고 있습니다. 스트레스는 자율신경계의 기능을 저하시키고, 이는 심장의 안정도를 떨어뜨려 각종 질병을 야기하는 원인이 됩니다.

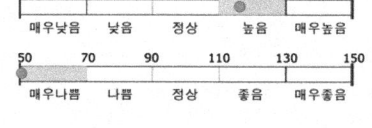
평균 심박동수 (87)
심장 안정도 (50.0)
이상 심박동수 (0 회)

❖ **검사소견**

평균 심박수가 정상인과 비교하여 약간 높은 편입니다.
1. 자율신경계
 1) 자율신경활성도 : 자율 신경의 기능 저하로 인체의 조절 능력이 매우 저하된 상태입니다.
 2) 자율신경균형도 : 자율 신경의 활동이 균형을 이루고 있으며 안정된 상태입니다.
2. 스트레스
 1) 스트레스 저항도 : 스트레스에 대한 대처능력이 떨어진 상태로 건강관리가 요구 됩니다.
 2) 스트레스 지수 : 스트레스가 높은 편으로 장기간 지속되지 않도록 스트레스 해소를 위한 노력이 요구됩니다.
 3) 피로도 : 피로도가 높은 상태로 피로감, 수면장애, 두통 등의 증상이 나타날 수 있으며 장기간 지속되지 않도록 노력이
 요 구됩니다.

DDR v2.0.0

그래프 및 도표상으로 건강상태 이상 유무 확인 가능

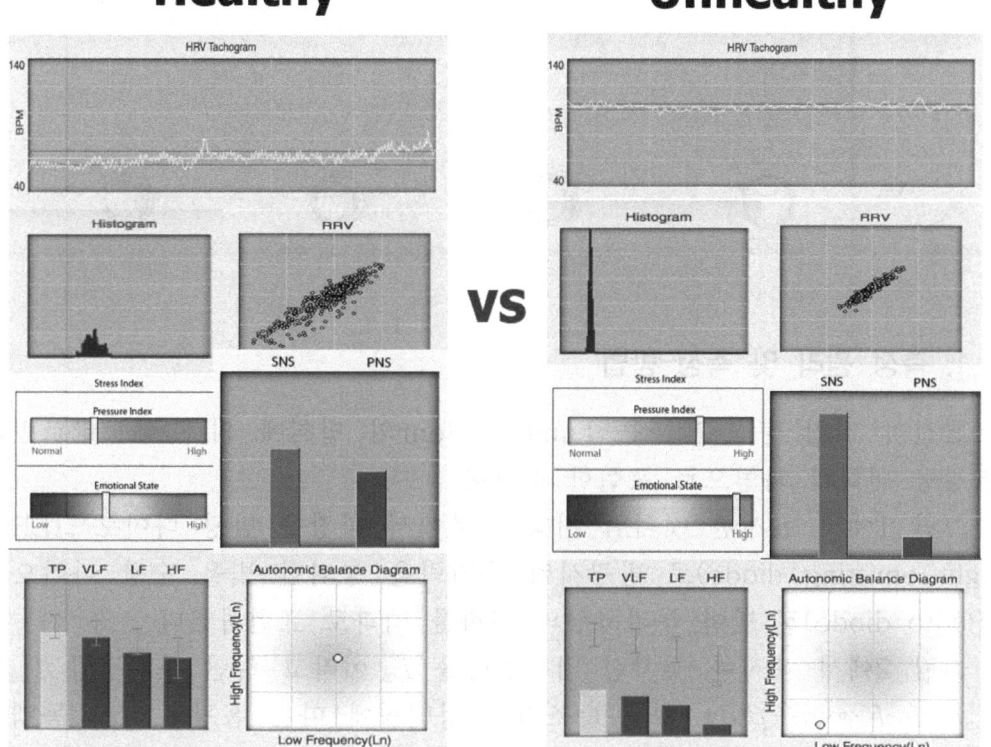

XI. 말초혈액순환 검사기능

  혈액 순환 상태 및 혈관의 노화 정도를 확인 할 수 있는 검사기능탑재.
  혈액 순환 저하 또는 혈관의 노화는 각종 혈관성 질환의 원인이 되며 동맥 경화, 말초 순환 장애 등 각종 심혈관계 질환을 조기에 진단할 수 있는 지표로 사용할 수 있다.

간편하고 편리한 검사 APG(Accelerated Photoplethysmograph)
- 심장 박동에 따른 흉벽 및 대혈관의 박동을 파형화 한 맥파 파형을 다시 두번 미분한 파형
- 혈관의 탄성도와 경화도 등 혈액 순환 상태 분석이 가능
- 혈관 상태에 따른 파형 분류

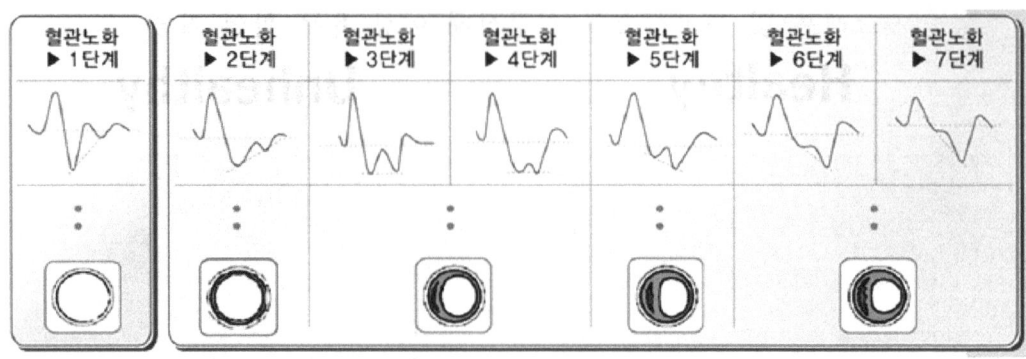

1. 측정 원리 및 측정 방법

광전식 지첨 용적 맥파는 Lamber Benr의 법칙에 의해 헤모글로빈의 흡광량 변화를 파형으로 표현한 것이다.

그림 1에서 표시한 것처럼 지첨 상부에서 파장을 발광 다이오드(LED: light emitting diode)로 발광시켜 손가락을 통과한 빛을 수광 다이오드(Photo diode)로 받아 투과광량의 변화를 맥파로 표현하였다.

그림 2에서 표시한 것처럼 입사광량을 I_{in} 이라고 하면 투과광량 I_{out}는 $I_{out} = I_{in} \cdot K \cdot exp\{-\beta(d+1)\}$($K$: 조직과 정맥혈에 따른 흡광도, β : 동맥혈 변동의 흡광도, d : 변화하지 않는 동맥혈량, I : 변화하는 동맥혈량)이라고 표현할 수 있다.

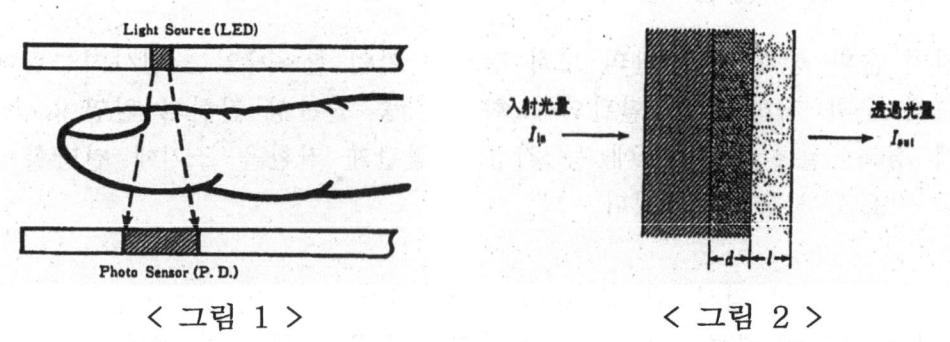

< 그림 1 >   < 그림 2 >

헤모글로빈의 흡광량 변화는 혈관 내 헤모글로빈량의 변화, 이를테면 혈액량의 변동에 따라 변화하며, 변화하는 혈액의 양이 많을 수록 맥파의 진폭이 커진다. 여기서 주의해야 할 점은 진폭이 큰 것은 반드시 혈관

용적이 크거나 혈액량이 많다는 것이 아니라 변화하는 혈관용적이 크거나 변화하는 혈액량이 많다는 것을 나타낼 수도 있다.

일반적으로 측정은 왼쪽 두 번째 손가락에서 하며 앉은 자세와 누운 자세로 측정할 수 있다. 앉아서 측정을 할 때는, 심장과 같은 위치에 센서를 두고 측정해야 하며 안정 상태에서 손가락을 움직이지 않아야 한다.

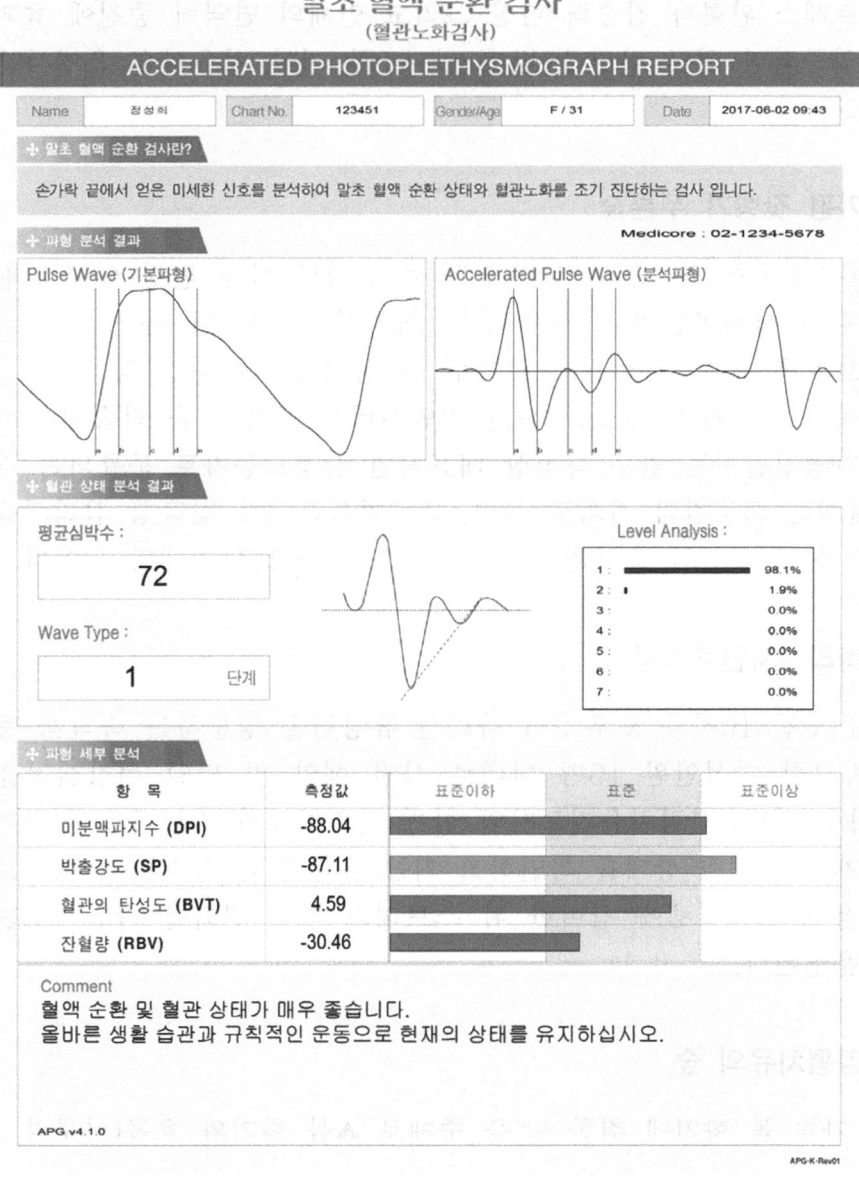

XII. 산림치유의숲 활용

현재 대상별·질환별 맞춤형 산림치유 서비스를 제공하는 치유의 숲은 2018년 현재 전국에 20개소가 운영 중이며 최근 산림치유에 대한 관심과 수요가 증가하면서 전국에 32개소를 추가로 조성 중이다. 산림 치유는 숲에 존재하는 다양한 환경요소(경관, 피톤치드, 음이온)를 활용하여 인체의 면역력을 높이고, 신체적·정신적 건강을 회복시키는 활동이다. 정신적 스트레스 완화와 집중력 향상 그리고 인체의 면역력 증진에 효과가 있음이 입증되며 최근 각광을 받고 있다. 각 지역 치유의숲 운영사례를 살펴보도록 한다.

1. 가평 잣향기 푸른숲

가평경찰서는 '잣 향기 푸른 숲'에서 경기도 산림 환경 연구소와 '바르고 건강한 사회공동체를 위한 업무 협약식'을 가졌다. 두 기관은 범죄피해자 보호를 위한 산림치유프로그램 등 심리지원과 현장 경찰관의 트라우마 극복과 스트레스 해소를 통한 치안서비스 향상 등을 약속했다. 협약을 통해 가평경찰서는 업무 특성상 대표적인 감정노동자로 분류되는 경찰 근무자에게는 재충전의 기회로 삼고, 피해자들은 1:1 맞춤형 심리치유 프로그램을 통해 정신적 충격을 극복할 수 있을 것으로 기대하고 있다.

2. 바라산자연휴양림

매일 오전 10시와 오후 2시 바라산 휴양림을 방문하는 숙박객 등을 대상으로 1회 참석인원 15명 이내로 사전 예약 및 당일 현장신청을 받아 진행하고 있다. 산림치유지도사와 함께 산소방에서 스트레스 측정기를 통해 현재 스트레스 상태를 확인하고 기존 휴양림 내 등산로와 데크로드 등을 활용해 프로그램에 참여한 뒤 스트레스 지수 변화를 확인해보는 방식으로 운영된다.

3. 양평치유의 숲

'참 가족 봄 향기에 취한 날'을 주제로 ▲봄 향기와 호흡(나무와 교감하기) ▲스트레스 날리기(비눗방울 놀이) ▲향기 테라피(손 마사지, 와상명상) ▲행복 나눔(버킷리스트 공감 톡, 나만의 머그컵 꾸미기) 등 산림치유프로그램을 운영한다.

4. 대관령치유의 숲

자녀 동반가족을 대상으로 한 '솔 수풀 톡톡(talk talk) 가족' 프로그램을 진행해 방문객들이 만남의 숲에서 삼림욕 체조와 오감걷기, 소통의 숲에서 숲 속 대화와 나뭇잎 퍼즐, 하나 되는 숲에서 소나무 숲 명상을 즐길 수 있게 한다.

치유의 숲별 프로그램 이용요금은 1인 기준 1만원(회당 3시간)-변동있음.

대관령 치유의숲

국립산림치유원

5. 국립산림치유원

국립산림치유원은 백두대간의 풍부한 산림자원을 이용하여 국민건강을 증진하고 삶의 질 향상을 위해 조성된 산림복지단지다. 산림치유 서비스 제공뿐만 아니라 산림치유 전문 인력양성, 산림치유 관련 상품개발 및 산림치유 문화 확산 등 하나의 공간에서 통합적으로 제공되는 세계 최대, 세계 유일의 공간을 컨셉으로한 치유원이다. 단기, 장기 치유프로그램 및 단체 맞춤형 프로그램으로 기업체 워크샵, 컨소시엄, 동호회, 가족 등 일반성인단체의 자체 행사와 산림치유프로그램을 함께 체험하여 유대감 증진, 스트레스 해소, 면역력 증진을 목표로 한다. 또한 다양한 치유프로그램과 숙박을 연계하여 수익구조를 낼 수 있는 프로그램을 운영중에 있다.

국립산림치유원 운영 프로그램 예

단기 산림치유프로그램

힐링 숲(1박2일)

숙박 + 식사 + 치유프로그램 » 심신안정 산림치유 프로그램

프로그램명	내용	숙박기준	이용료(원) 비수기	이용료(원) 성수기
힐링숲	숙박 1박 식사 3식(건강식) 산림치유프로그램 3시간 수치유 운동체험권 2시간	2인 기준	125,000	144,000
		4인기준	244,000	271,000
		6인기준	358,000	398,000

힐링 숲(2박3일)

숙박 + 식사 + 치유프로그램 » 면역력 증진 프로그램

프로그램명	내용	숙박기준	이용료(원) 비수기	이용료(원) 성수기
힐링숲	숙박 2박 식사 6식(건강식) 프로그램 6시간 수치유 운동체험권 4시간	2인 기준	250,000	289,000
		4인기준	489,000	543,000
		6인기준	716,000	796,000

장기 산림치유프로그램

프로그램명	내용	숙박기준	이용료(원)	비고
숲속힐링 스테이 (1주)	숙박 6박 식사 18식 프로그램 24시간	1인	384,000	
		2인	630,000	
숲속힐링 스테이 (2주)	숙박 13박 식사 39식 프로그램 48시간	1인	812,000	가족 동반시 프로그램비, 식비 추가 부담
		2인	1,325,000	
숲속힐링 스테이 (3주)	숙박 20박 식사 60식 프로그램 72시간	1인	1,240,000	
		2인	2,020,000	
숲속힐링 스테이 (4주)	숙박 27박 식사 81식 프로그램 96시간	1인	1,668,000	
		2인	2,715,000	

시설별 체험 이용권 안내

건강증진센터 이용권 : 당일 방문고객 대상(사전 예약)

프로그램 구성	소요시간	이용료(원)	이용시간
건강측정	1시간	15,000/1인	화~일요일(주6일) 3회/1일 운영 (10:00, 14:00, 16:00) * 회차 당 30명 미만 이용 제한
건강치유장비 체험(6종)	1시간		

수치유센터 이용권 : 숙박고객 대상

프로그램 구성	소요시간	이용료(원)	이용시간
물我一體	2시간	15,000/1인	화~일요일(주6일) 4회/1일 운영 (10:00, 14:00, 16:00, 19:00) * 수치유복(수영복 등) 무료 제공

농촌치유마을 조성 시 기존 치유의숲 프로그램 벤치마킹 필요 - 참고 사이트
1. http://www.fowi.or.kr (국립산림치유원)
2. https://www.healience.co.kr (힐리언스 선마을)
3. https://www.park-roche.com/kr/index.do (정선 파크로쉬)

치유의숲 건강측정장비 기본구성 품목 예제
1. 스트레스/자율신경검사기(HRV측정)
2. 자동혈압계
3. 인바디

구성품목은 예산과 운영여건, 장
비측정소요시간, 일일방문객 수
등에 따라 수량과 품목이 변동될
수 있다.

장비별 측정 소요시간
1. 스트레스/자율신경진단기 측정시간 3분
2. 자동혈압계 : 30초이내
3. 인바디 : 1분이내

한 명당 세가지 건강장비 측정 및 상담시간을 예상하면 10분~15분 소요. 시간당 5~6명정도 운영할 수 있음.(단순계산에 따른 것이며, 운영인원 및 프로그램 구성에 따라 변동 될 수 있음.)

04

효소 온열요법의 농촌 적용방안

(사)자연치유포럼
박포 상임이사

효소온열요법의 농촌 적용 방안

(사) 자연치유포럼 박포 상임이사

I. 들어가며

　우리 인류는 과학과 기술의 발달로 인공지능과 가상현실 등 4차 산업혁명 시대를 맞이하고 있습니다. 또한 그 과학과 기술의 발달에 힘입어 현대의학은 급성기 질환의 효율적인 처치가 가능하게 되었고 위생환경이 좋아지면서 기대수명이 늘어나고 2003년 게놈프로젝트가 완료되어 염기서열과 유전자 정보가 밝혀져 인류는 지구촌의 주인으로 밝은 미래가 열리는 듯 하였습니다.

그러나 현대과학의 발달에도 불구하고 우리가 알고 있는 물질과 에너지는 4% 정도에 불과하며 모르고 있는 물질(dark materials 22%)과 에너지(dark energy 74%)가 훨씬 더 많습니다. 즉 우리 인간이 많이 알고 있다고 생각하지만 알고 있는 것이 별로 없습니다.

더우기 생활습관성 만성질환에 대한 현대의학의 처치와 대응은 미미하고 무방비 상태로 유병 100세 시대에 노출되어 건강수명과 기대수명의 갭은 줄어들지 않고 있습니다.

　그래서 괴태가 '인간이 자연과 멀어질수록 병은 가까워진다'고 말했듯이 우리의 삶이 자연 생태환경과 멀어져 있고 건강과 의료영역이 의료인들만의 영역이 아니라는 사실을 인식하기 시작하였습니다. 특히 자연 생태환경을 갖춘 농촌에서 바른 먹거리와 자연치유 생활양식을 통해 생활습관성 만성질환을 해결하는 체험 지식이 중요하게 되었습니다. 나아가 생활 속에서 내 몸 안의 자연치유력을 높이는 자연치유 생활문화 생태계 실현을 통해 생명사회를 앞당길 필요가 있습니다.

　지구별 생명체의 시작은 혐기성 미생물로부터 시작되었습니다. 그 생존 과정에 호기성미생물이 필요에 의하여 결합되어 개체로 진화되어 지금에 이르고 있습니다. 우리 몸 안을 들여 다 보면 세포가 60조에서 100조 정도인데 체내에 서식하는 공생 미생물은 600조에서 1000조마리나 됩니다. 즉 인간이 내 몸과 지구촌을 지배하고 있는 듯 하지만 주인이 아닐 수도 있습니다. 인간이 생명체로서의 기능을 상실할 때 여러 가지 이유에 의하여 체온이 유지되지 않으면 이로 인하여 대사효소의 촉매작용이 일어나 않아 더 이상 대사활동을 할 수 없어서 인간의 의지와 관계없이 생명력을 상실하게 됩니다. 즉 인간이 내 몸의 주인인 듯 하지만 사실은 이 작은 미생물들이 주인이 아닐까요?

우리 몸의 체내 외에 수많은 미생물이 만들어 낸 대사물질이 효소입니다. 효소는 모든 생화학 반응의 촉매제로서 자신은 변하지 않으면서 남(매질)을 변화시키는 활성 도우미입니다. 적정한 온도와 습도 및 수소이온농도(pH)에서 미생물의 활동과 그 대사물질인 효소의 작용으로 발효과정을 통해 최초 고분자 물질이 저분자화 되어 나노 상태로 바뀌면서 생리활성물질로 변화가 일어납니다. 이러한 효소의 작용이 눈에 보이지는 않지만 자연 생태환경에 노출되어 삶을 유지하는 농촌에서는 더 긴밀한 이해와 이를 활용한 지혜가 필요합니다.

또한 의료영역이 의료인들만의 영역에서 벗어나 자연 생태환경을 갖춘 농촌에서 자연치유 생활양식을 공유하여 병을 관리하는 예방치유가 필요한 바, 자연치유마을은 힐링 공동체 모델로 제대로된 자연치유요법의 콘텐츠 활용과 더불어 자연치유 생활양식에 대한 구성원들의 인식과 공감이 선행되어야 찾아오는 방문객들이 자연치유 생활양식에 대한 인식을 공유할 수 있어서 다시 찾아올 수 있지 않을까합니다.

Ⅱ. 개 요

1. 저체온증으로 질병이 온다

　인위적으로 기기나 기구를 이용하여 발열을 시키거나 자연에서 발생하는 온열을 이용하여 질환을 치료하거나 치유가 일어나는 모든 방법을 온열요법(Hyperthermia Therapy)이라고 합니다.
병원성 세균은 대체로 열에 약하지만 저온에서는 증식이 활발합니다. 몸이 차가울수록 체내 병원성 세균이 늘어날 가능성이 더 높습니다. 그런데 현대인은 과로와 스트레스로 인해 대부분 저체온증을 앓고 있습니다. 인간관계와 사회생활 속에서 지속적이고 지나치게 스트레스를 받는 경우 자율신경계의 교감신경이 흥분하면서 아드레날린과 부신피질호르몬 분비 등의 내분비계를 작동시켜 저체온, 저산소, 고혈당의 생리현상이 발생합니다. 이런 상태가 지속되고 지나치면 우리 몸은 약해진 신진대사를 회복하기 위해 해당계 에너지(무산소 상태에서 세포 핵에서 당을 분해하여 생산하는 에너지)를 사용하게 됩니다. 해당계 에너지는 미토콘드리아계 에너지에 비하여 그 발생속도가 100배로 빠른 반면 생산 효율은 계 에너지에 비해 18분의 1로 크게 떨어집니다. 암세포는 대표적인 해당계 에너지 생산 세포입니다. 저체온, 저산소로 인하여 해당계 에너지가 지속되면 암세포와 싸우는 NK세포 등 면역기능이 저하되면서 각종 암, 당뇨, 고혈압 등 각종 생활습관병이 생깁니다.
　이와 반대로 휴식과 수면, 적당한 운동으로 부교감신경이 활발하면 아세틸콜린 분비 등 내분비계를 작동하여 심신이 이완되고 혈압, 심박 호흡이 안정됩니다. 그러나 야외운동 부족과 지나친 긴장 이완상태에서는 림프구가 과다해지고 저체온이 되면서 알레르겐(화분, 진드기 등 알레르기의 원인물질)에 과잉반응을 일으켜 알러지, 아토피 등이 발생할 수 있습니다.

　면역학자인 일본의 아보도오루 교수가 지은 저서 '사람이 병에 걸리는 단 2가지 원인 : 무산소·저체온'(중앙생활사, 아보도오루 지음, 기준성 감수, 박포 옮김)에 의하면 암세포는 무산소(혐기성 상태)·저체온 상태에서 적응하는 과정에 발생한 세포로 산소공급량이 증가하고 심부체온이 약

39°C 이상일 때 분열이 정지되고 그 이상의 온도에서는 암세포가 자연퇴축 된다고 주장합니다. 그래서 암환자는 체내 심부체온만 39°C 이상 유지하게 되면 암은 자연 퇴축되고 체내 균형이 회복될 수 있습니다. 인체 내부온도가 35도 이하로 내려가면 암세포의 증식이 증가하고 생활습관성 만성질환도 많아집니다. 정상 세포는 체온이 45°C까지 올라가도 이상이 없지만 바이러스균은 40~45°C에서 사멸합니다. 인간이 성행위를 할 때 오르가즘을 느낄 수 있는 온도이면서 몸 안에 병이 없는 상태의 체온이 37.2°C입니다.

인체 내 심부체온이 상승하면 우리 몸은 항체와 인터페론의 생산을 늘려 면역시스템이 가동하게 됩니다. 이를 다른 말로 체온면역이라고 할 수 있습니다. 체온과 심박수가 급격한 변화를 주지 않는 범위 내에서 온열요법을 사용한다면 호흡기감염증부터 대상포진, 감기, 독감, 만성피로증후군, 에이즈에 이르기 까지 각종 질병을 치료하는데 도움을 줄 수 있습니다. 그래서 암, 바이러스 질병, 만성중독증, 에이즈 등이 온열요법으로 치유가 일어나는 대표적인 질환들입니다.

이처럼 저산소, 저체온, 고혈당의 불균형에 저항하여 생체의 일정한 균형 상태를 유지하려는 항상성 조절기능을 되찾는 것이 생활습관병 예방과 건강 유지 및 증진의 해답이 될 수 있습니다. 실제로 우리 인간을 포함한 포유류는 주위 온도와 무관하게 체온이 일정한 범위에서 유지되는 항온동물이어서 사람은 여러 가지 생명활동에 불가결한 효소가 가장 활발하게 작용할 수 있는 체내 심부체온이 37.2도이기 때문에 대체로 뇌나 내장 등이 있는 몸의 심부체온이 해당 온도를 유지하게 됩니다. 만일 이 온도의 범위에서 벗어나면 활동이 둔해지고 심하면 각종 병을 앓게 되는 것입니다.

2. 두엄의 발효열을 치유에 활용한 조상의 지혜

인류는 수천 년 동안 병을 고치거나 회복하고 건강을 지키는데 열이 유용하다는 것을 경험적으로 터득하여 왔습니다. 고대 로마인들은 냉·온욕을 할 수 있는 목욕시설을 정교하게 지어서 이용하였고, 핀란드인들은 사우나를 이용하였으며 러시아인들은 증기욕을 애용하였습니다. 우리 선조들은 화로, 아궁이, 온돌방을 활용하여 건강증진을 도모하였습니다. 특히 조선시대 지각 있는 일부 사람들(경북 안동 지방)은 비가 오거나 습도가 올라가면 두엄 속에서 온열이 나는 것을 알았고 이를 이용하여 척추나 골반, 부종 등으로 통증이 있는 경우 두엄 속에 있는 고온성 미생물의 발효열인 온열(효소온욕)을 활용하여 건강증진에 활용하여 왔습니다.

이처럼 천연 발효열을 이용한 온열은 고온성 미생물의 활동에 의하여 만들어낸 원적외선 에너지와 항염·항균 작용 및 살균·해독 작용이 있는 고온성미생물의 대사물질인 효소의 작용으로 피부 속 4 내지 5cm까지 들어가 체감온도를 40 내지 43도까지 심부체온을 올려 체내 대사효소의 활성 조건을 높여 자연치유력을 활성화시킵니다. 온열(효소온욕)은 체내로 침입한 병원성 세균을 죽이거나 독소와 노폐물 등 불순물을 땀으로 배출시키는 효과적인 자연치유 과정으로 인체 질병 예방과 치유에 효과적입니다.

3. 심부열을 이용한 온열요법의 효과에 대하여 현대의학도 관심

기존의 항암치료와 병행하여 온열요법을 사용한 결과 암의 크기가 크게 줄어들었다는 연구결과가 계속 보고되고 있습니다. 최근 유럽 종양학회 중심으로 항암치료나 방사선 치료시 온열요법을 병행하면 치료효과가 높아진다는 임상연구가 많이 발표되고 있습니다.

인체 내 심부체온을 올리면 정상세포는 혈관을 확장시켜 열을 발산함으로써 그 기능을 유지할 수 있습니다. 그러나 암세포는 발한기능이 저조하여 열을 분산시키지 못합니다. 따라서 심부체온을 올리면 암세포 조직은 성장이 억제되고 스스로 파괴되기 시작합니다. 왜냐하면 면역세포가 평소에는 암세포를 구분할 수 없지만 암세포가 열을 받으면 스트레스 단백질을 발생시키는데 이때 암세포를 인식하고 제거할 수 있게 됩니다.

특히 항암 화학요법과 온열요법을 병행하면 약제의 세포 독성은 증대하고 정상세포에 대한 독성이 감소되어 오심, 구토, 백혈구와 혈소판 감소 등의 부작용이 현저히 줄어든다고 합니다. 특히 방사선 치료와 온열요법을 병행한 결과 치료 효과가 크게 높아지는 것이 최근 국내 병원의 연구에서 확인 되었습니다.

미국 암연구소에서는 암의 종류와 부위에 따라 각각의 경우에 맞는 세

부적인 치료방법과 온열요법을 병행하여 사용하도록 권장하고 있습니다. 현재 병원에서 1회 온열요법 시술시간을 1시간으로 일주일에 2회, 6주간씩을 1사이클로 총 3 사이클을 받는 것을 권장하고 있는데 그 비용대비 효과가 큰 것으로 알려져 있습니다. 조만간 그 유효성에 대한 연구가 완성되어 온열요법이 표준치료로 자리잡을 수 있게 되고 건강보험으로 지정될 것으로 예상됩니다. 일부 암에는 단독 치료가 가능할 정도로 전망이 밝아 보입니다.

4. 두엄 속 主미생물을 분리배양하다

1972년 삿보르 올림픽 때 일본인들이 미생물찜질(일명 '효소온욕')을 상업화한 것이 언론을 통해 처음으로 노출되었습니다. 일본이 먼저 효소온욕의 상업화를 시도하였지만 치유목적의 온열요법으로 자리매김할 수 있었던 것은 국내 효소 및 발효를 이용한 자연치유전문기업 주)B&F엔자임하우스가 2002년에 두엄 속 주 미생물인 바실러스 코아굴런스(Bacillus Coagulans) 라는 고온성 미생물을 분리 배양하여 쌀겨를 발효시키는데 성공하면서 시발되었습니다. 그 발효과정에서 발생하는 발효열에는 전도열 및 복사열(원적외선에너지)과 고온성미생물이 만들어낸 효소의 작용을 확인할 수 있게 되어 '효소(온)욕' 이라는 미생물찜질 사업으로 자리잡을 수 있었습니다. 지금까지 총 16년간 15만명을 입효시키는 임상 체험사업을 도심(일산, 강남)과 농촌(파주, 하동)에서 힐링센터를 통해 진행하였습니다. 주로 예방에 더 중점을 두고 미용증진 및 혈액순환, 아토피 개선과 퇴행성관절염, 류마티스관절염 등 운동부족으로 인해 체내에 쌓인 노폐물의 배독 및 체질개선, 체형교정 등 미병상태(아건강상태)에서 다양한 임상체험 결과를 확인하였습니다.

5. 효소온욕은 자연치유력을 발현시키는 것입다

효소온욕의 기전은 고온성미생물이 만들어낸 천연발효열 중 원적외선에너지가 피부 속 4~5cm 이상 들어가 심부체온을 올려 체내 대사효소의 활성을 높이면서 면역력과 항상성이 증가하고 부수적으로 노폐물이 땀을 통해 배출되고 혈행 및 대사가 개선되어 몸 안의 자연치유력이 발현시키는 것입니다.

관련 논문으로는 '바실러스 속 미생물을 이용한 쌀겨발효용조성물 연구'(경북대학교 농생물연구소 박포/이상한/허진철/남소현) '효소온욕(발효쌀겨 찜질)이 과체중 여성의 체지방에 미치는 영향'(경기대 대체의학대학원 김건환 : 엔자임하우스 관리이사), '발효쌀겨찜질(효소온욕)의 적용에 대한 효과성 연구'(삼육대학교보건복지대학원 박경숙 : 엔자임하우스 파주점 점장) 등 외 다수 논문이 있습니다.

6. 인공지능형 효소온욕 시스템의 도입이 예상되다

효소온욕은 사용자 편의의 번거로움으로 인하여 불편함이 있지만 곧 사용자 편의를 제고한 인공지능형 효소온욕 시스템이 도입되리라 예상됩니다. 추후 4차 산업혁명 시대를 맞아 우리들의 생활양태는 자연에 더 가까이 다가가게 되고 자연 생태환경과 생물다양성이 유지되어 서로 공존하고 문화다양성이 융합되는 자연치유 생활문화 생태계가 구현되는 생명사회로 진화되리라 믿습니다.

효소온욕은 아직 산업적 기반을 갖추지 못하고 있지만 추후 곧 인공지능과 자율주행, 가상현실, 퀀텀 양자의학의 발달로 건강과 의료영역이 의료인만의 영역이 아닌 생활밀착형으로 생활 속에서 약 대신 음식으로 병을 고치는 식이치유 영역과 함께 고온성 미생물의 활동을 이용한 효소온욕 등 온열치유가 자가치유 즉 셀프힐링의 한 전형으로 '고온성 미생물을 이용한 스파시스템'으로 자리매김 할 것으로 기대됩니다.

7. 효소온욕 입효과정 및 순서 (예)

1) Before Service(치유분석 및 상담)

내방객의 몸 상태를 점검하기 위하여 체성분 및 오라 상태 등을 분석하여 건강상태에 대한 분석 및 상담을 한다.

 ▶오라컴 체질분석

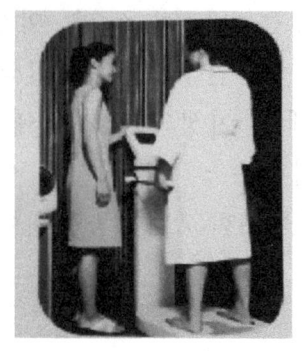 ▶체지방 분석

2) 가운 착용 및 과채효소(또는 미효소) 음용

가운으로 갈아 입고 욕조에 가만히 누워만 있어도 미생물로 인해 만들어질 2시간 이상의 유산소 운동을 대비하여 체내 대사효소의 활성기 역할을 하는 조효소(과채효소)를 음용하거나 현미를 저분화시키고 생리활성화한 미효소를 복용한다.

 ▶가운 착용

 ▶효소음용

3) 효소온욕 입효

홍송으로 제작된 나무욕조 속에 미강을 발효시켜 만든 효소매질 속에 들어가 모래찜질하듯이 효소를 덮고 15분 정도 입효한다. 다만, 미강 외 톱밥이나 버섯 등 농촌에서 쉽게 구입 가능한 기타 매질을 효소매질로 사용할 수 있다.

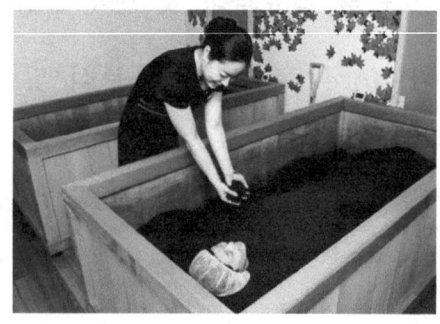 ▶효소온욕 즐기기

4) 샤워 및 휴식

효소온욕 후 몸에 묻은 효소를 욕조 안에서 털지 말고 샤워시 몸을 문질러 효소의 작용을 늘리면서 크리너나 비누를 사용하지 말고 물로만 샤워를 한다. 헤어는 샴푸할 수 있다.

5) 치유확인 및 홈힐링 컨설팅

입효하기 전 Before Service 즉 치유분석과 치유상담을 통해 몸 상태를 점검하여 입효한 후 이를 통해 자연치유력이 얼마나 변화되었는지 확인하고, 가정에서 자가치유를 어떻게 실천할 수 있는지에 대한 홈 힐링을 위한 컨설팅을 한다.

8. 주의 및 유의 사항

- 술을 드시거나 심한 상처가 있는 분은 입효하지 마세요.
- 심장수술을 하였거나 혈액순환에 문제가 있는 분, 병원치료 중이신 분은 전문가의 상담을 받으시고 이용해 주세요.
- 당뇨환자는 반드시 전문가와 상담하시고 입효하시기 바랍니다.
- 기타 이용자의 편의에 불편을 느끼거나 예상되시는 분은 전문가 또는 직원의 도움을 받으시고 입효하여 주세요.

Ⅲ. 효소온욕의 효능

1. 효소온욕이란?

쌀겨와 약초 등 매질에 기능성미생물을 배합하여 배양한 것으로 그 발효과정에서 미생물의 대사작용으로 발생하는 발효열과 미생물의 대사물질 중 하나인 효소 그리고 발효열에서 발생하는 원적외선 에너지가 몸 속 깊숙이 있는 세포를 자극하여 세포의 활성을 촉진하고 혈액순환을 개선하면서 체내독소, 중금속, 발암물질, 체지방 등을 배출하고 통증을 개선하는 미생물 찜질방법입니다.

약 15분 동안의 효소온욕은 해독 및 기혈순환 작용과 체온상승 작용과 더불어 혈류작용에 의한 운동효과로 2시간 이상 유산소 운동을 한 효과가 발생하여 체질을 개선시키고 혈압을 내리면서 체지방을 제거하는 자연치유 디톡스 다이어트요법(The Natural Healing Detoxification Diet Method)입니다. 또한 아토피와 건선 등 모공개방과 배독 및 보습이 필요한 피부질환 제거에 도움이 되며, 기미·주름제거 및 미백효과에도 탁월합니다.

2. 효소온욕의 작용기전

1) 온열작용

발효열은 미생물의 활동에 의하여 피부에 직접 영향을 미치는 전도열과 체내에 까지 영향을 미치는 복사열이 발생합니다. 매질의 전도열은 65℃ ~ 72℃(체감온도 40℃~43℃) 정도로 피부온도를 높이고, 복사열인 원적외선 에너지는 심부체온을 올려 장부의 생명온도를 회복으로 자연치유력을 제고시킵니다.

2) 빛에너지

발효시 미생물의 작용으로 매질의 전도열이 올라가면서 빛에너지가 공유되어 복사열인 원적외선 에너지가 발생합니다. 원적외선 에너지는 몸 안부터 세포를 1초에 2000회 이상 자극하여 통증을 완화하고 진정시키는 작용과 신진대사를 원활하게 하여 저항력 및 면역력을 증가시킵니다.

3) 미생물에너지 공명

흙과 물 속의 미생물이 만들어 내는 에너지 중 인체에 유익한 기능성 미생물이 만들어내는 에너지는 인체에 영향을 미칠 수 있습니다. 효소온욕시 고온 내열성 미생물인 바실러스 코아굴런스(Bacillus Coagulans)의 생체에너지는 전도열과 복사열을 통해 피부와 체내 인체에너지와 파장을 공명시켜 가장 직접적인 영향을 미칩니다. 이러한 인체에너지와 미생물 생체에너지의 공명으로 이온 (전자)이 보충되어 적혈구가 분리됩니다.

4) 대사효소의 활성증가

효소온욕 입효과정에서 미생물이 만들어내는 전도열과 복사열은 피부와 장부의 생명온도를 상승시켜 체내 대사효소의 활성조건을 제고시켜 대사작용에 관여하는 세포의 활동을 제고시킵니다. 또한 효소온욕 전 음용하는 과채효소 또는 현미효소는 발효과정을 통해 과채나 현미가 저분자화 및 생리활성화 된 물질로 변하여 체내 소화효소의 소비를 줄이고 대사효소의 활성을 증가시킵니다. 즉 과채 발효원액이 만든 비타민, 미네랄 등의 미량영양소 등은 대사효소의 활성기인 조(보)효소 역할을 수행하고 발효된 현미는 소화를 위한 체내 효소의 사용을 줄이면서 에너지로 전환되어 대사효소의 활성을 증가시킵니다.

5) 청명 및 보습 작용

발효과정을 통해 발효열이 증가하면서 매질인 미강 자체에 내재된 식물효소의 촉매기능은 상실됩니다. 그래서 미강의 효소작용 중 미백효과도 사라지게 됩니다. 그러나 고온에서 사는 고온 내열성 미생물이 만들어내는 대사물질인 효소는 그 촉매작용을 고온에서도 하게 됩니다. 피부 내외부의 온도를 상승시켜 피부 모공을 개방하고 보습을 하게 되어 피부를 맑고 청명하게 합니다. 그래서 효소온욕 후 휴식을 취하면서 발효된 매질과 미강으로 만든 효소미강팩으로 피부를 진정시키고 미백작용을 보충할 필요가 있습니다.

3. 효소온욕의 구체적 효능

1) 피부미용

효소 속에 있는 단백질분해효소(protease)와 지방분해효소(lipase)가 피부의 단백질과 각질, 화장품 잔존물 등이 뒤엉킨 '때'를 분해하며, 피부표면을 아름답고 부드럽게 합니다. 그리고 소염효소는 사람의 눈물, 콧물, 타액, 혈청, 임파액, 연골 등과 그 외의 장기 속에 존재하여 세균이나 바이러스로부터 우리 몸을 방어합니다. 또한 미생물에 포함된 항산화색소는 색소의 역할 뿐 아니라 피부의 항산화기능을 유지하여 건강한 피부를 만들어 줍니다.

▷ 천연 효소온욕은
 - 온열찜질 : 피부흡수력 증가, 모공확장

- 피부미용에 좋은 다량의 항산화색소 함유
- 피부트러블에 좋은 천연효소 작용
- 미백, 보습, 탄력유지, 노화방지, 기미, 주근깨, 각질, 튼살, 여드름, 백반증, 무좀에 도움

2) 비만(체지방)

비타민, 미네랄이 부족하면 섭취한 영양분이 태워지지 않고 몸에 지방으로 계속 축적되어 비만이 됩니다.

또 다른 원인은 나잇살에 따른 체지방(20대 20%, 30대 이후 30% 이상)인데, 체중이 적어도 내장에 지방이 쌓이면 생활습관병(당뇨병, 동맥경화, 심장병 등)의 온상이 되므로 평소에 예방이 필요합니다. 그러나 체중의 무리한 감량은 골다공증, 요요현상, 거식증 등 치명적 현상을 불러올 수 있으니 주의하여야 합니다.

천연 효소온욕의 고온찜질은 원적외선 에너지에 의해 세포가 골고루 자극받아 구석구석 쌓인 지방을 분해하므로 부작용 없는 비만해소 방법이 될 수 있습니다. 특히 체내 심부체온 상승으로 뱃살부터 빠지게 되어 중년여성으로부터 많은 호응을 얻고 있습니다.

▷ 천연 효소온욕은
 - 원적외선 전신자극 : 지방 분해
 - 운동, 식이요법과 병행하면 더욱 좋음

3) 건선 및 아토피성 피부염

건선(psoriasis), 아토피성 피부염(Atopic dermatitis)은 음식이나 환경오염으로 면역기능과 해독작용이 떨어져서 피부로 열독(熱毒)이 몰려 발병하는데 한방에서는 이것을 심신질환 또는 내장질환으로 구분하여 환자의 전반적인 건강상태를 파악하고 처방합니다. 이런 증상을 개선하려면 제2의 신장이라는 땀샘의 기능을 강화해 땀으로 노폐물을 배출해야 합니다. 천연 효소온욕은 다양한 효소의 유기작용과 원적외선 에너지에 의해 땀샘과 혈관을 자극하여 피부조직의 신진대사가 촉진되고 활성화하여 모공개방과 보습이 촉진되어 건선 및 아토피성 피부염을 개선하는데 도움을 줍니다. 특히 천연 효소온욕으로 흘리는 땀에는 우리 몸의 전해질 성분

중 미량의 나트륨(Na)만이 포함되어 사우나나 찜질방에서 흘리는 땀과는 질적으로 다릅니다. 건강에 좋은 땀내는 방법인 것입니다.

▷ 천연 효소온욕은
- 원적외선 : 땀샘 및 혈관자극, 독소 및 노폐물 제거
- 쌀겨의 피틴산, 토코페롤, 식물성천연효소 : 피부보습 강화
- 식물성 천연효소의 활발한 유기작용
- 유익미생물의 고기능성 효소 작용

4) 당뇨

대부분의 당뇨병은 이자(췌장)에서 분비하는 인슐린이 부족하여 일어나는 대사이상에 근거한 질환으로서 유전, 나이, 비만증, 임신 등의 환경적 요인에 의해 발생합니다. 몸이 나른하고 쉽게 피로하며 갈증과 함께 다뇨(多尿) 증상을 보이는데, 식이요법과 적당한 운동을 기본으로 약물 등의 처방을 병행하여 합병증을 예방하는 것이 중요합니다. 천연 효소온욕은 운동에 의해 칼로리를 소모하는 것과 같아서 식이요법 효과상승, 혈당 감소, 혈압조절, 합병증 예방에 효과적입니다. 특히 움직이기 힘들어 운동이 부족한 분들께 권장합니다.

▷ 천연 효소온욕은
- 발효열과 원적외선 : 혈행원활, 말초혈관혈류량 증가, 인슐린감수성 증가
- 운동대체, 혈압조절, 합병증 예방

5) 관절통, 신경통

몸이 차면 기혈의 순환이 원활하지 못해서 관절부위에 염증이 생기기도 합니다. 더욱이 이런 염증을 치료하려고 장기간 복용하는 진통제, 소염제, 스테로이드제 때문에 부작용이 초래될 수 있습니다. 관절염은 나무가 바깥 가지부터 마르는 이치와 같이 손과 발의 가는(細) 곳에서 시작되는 경우가 많습니다. 서늘한 방에서 자고 나서 좌골신경통으로 진행 되거나, 허한 노인이 추운 밤에 팔을 이불 밖에 내놓고 자면 어깨에 통증이 오기도 합니다. 이러한 경우 온열자극에 의해 기혈을 잘 흐르게 하여 찬기운과 습기를 내보내고 원기를 보충하여 면역력을 강화시켜야 합니다. 천연

효소온욕의 고온찜질은 관절의 불편함과 통증을 경감하며 주변근육의 경직을 이완시키고 혈관세포를 자극하여 혈액순환에 아주 좋습니다.

▷ 천연 효소온욕은
- 효소온도 60~67℃ : 체감온도 40~43℃
- 온열 전신자극 : 통증을 다스리는 좋은 수단
- 강력한 혈액순환 : 가는(細) 부위에 끼어있는 찌꺼기 제거

6) 산후부기 및 산후풍

근본적으로 산모는 기력이 쇠해지고 혈액이 부족한 상태이므로 찬 기운을 멀리해야 합니다. 부기를 제대로 빼주지 못하고 어혈(나쁜 피)이 미처 다 제거되지 않고 남아 있으면 산후회복을 방해하여 산후풍의 원인이 될 수 있습니다. 이때 적당한 온열찜질은 우리 몸 속 세포의 혈전용해효소 같은 생체효소를 활성화하므로 어혈을 부작용 없이 제거하여 산후풍을 다스리는데 좋습니다. 이런 온열찜질이 탁월한 천연 효소온욕은 원적외선과 함께 혈액순환 촉진, 노폐물 배출, 배변기능을 강화시켜 산모의 건강 지킴이로 활용할 수 있습니다. 물론 불필요한 지방 분해를 돕고 땀샘 기능도 활성화하여 피부보습과 튼살 등 산후 피부미용에도 효과적입니다.

▷ 천연 효소온욕은
- 산후 신진대사 촉진, 면역 기능 회복
- 어혈 신속 제거 및 불필요한 지방 분해
- 산후조리 동안 부족한 운동 대체
- 빠르게 체형 복귀, 튼살 등 피부트러블 해소

7) 혈액순환과 냉증

쾌적한 기온(17~18℃)보다 온도가 낮아지면 수족냉증환자는 시리고 저린 증상을 호소합니다. 즉 체내의 혈액순환이 잘 안되므로 열의 공급이 원활하지 못해 냉증을 느끼게 되는 것입니다. 수족냉증은 중초(명통과 배꼽의 중간)와 하초(허리 아래)를 따뜻하게 하여 3개월 이상 꾸준히 진행해야 하고, 따뜻한 음식 섭취와 손발 목욕이 필수적입니다. 천연 효소온욕의 강한 고온열 찜질과 원적외선은 체내 세포를 자극하여 자율신경을 조절하므로 혈액순환을 촉진하여 냉증을 개선할 뿐만 아니라 혈전용해효

소 같은 생체효소를 활성화하여 혈전증 등을 예방합니다. 이렇듯 따뜻한 기운을 우리 몸에 불어 넣어주는 것이 냉증 뿐만 아니라 건강 유지에도 효과적입니다.

▷ 천연 효소온욕은
- 고온열찜질 : 수족냉증의 치료 원칙에 적합
- 혈액순환 촉진 : 고혈압 및 저혈압 조절, 어혈 제거
- 냉증 개선 : 두통·요통·생리통 개선, 불면증 개선, 대하 감소 등 차가운 몸 개선

8) 갱년기장애

갱년기는 남녀 모두에게 존재하는데, 남성은 매우 완만히 진행되나 여성은 배란이나 월경이 불순하거나 정지되며 대개는 자율신경계 장애와 같이 매우 뚜렷한 현상이 발생합니다. 한편 자녀의 성장, 가정 환경 변화에서 오는 소외감 등 심리적 배경이 원인이 되기도 합니다. 갱년기장애는 자율신경(혈관운동신경)장애, 성기능장애, 정신신경장애가 있으며 안면 홍조, 심박급속증, 발작적인 땀, 손발이 매우 찬 증세가 나타나고 그 외에 동맥경화나 골다공증도 주의해야 합니다. 천연 효소온욕은 효소의 발열과 원적외선에 의한 세포활성화작용으로 갱년기장애의 초기 증상인 혈관운동신경장애를 개선시켜 줍니다.

▷ 천연 효소온욕은
- 갱년기초기증상개선 : 혈관운동신경장애, 관절신경통
- 원적외선 전신 전달 : 내장기관 활성 유지
- 따뜻한 기운이 몸과 마음을 편하게 하여 자가치유능력 향상

9) 중풍

중풍(뇌졸중)은 뇌혈관이 막히거나 터져서 갑자기 운동기능을 상실하고 의식소실, 인지, 언어, 감각기능 장애가 특징인 신경계질환으로써, 사망원인의 상위를 차지합니다. 중풍의 최고 위험인자는 고혈압으로 중년 이후 수시로 혈압을 체크하고 음식물을 조절하여 주의를 기울여야 합니다. 또한 비만은 그 자체가 고혈압, 당뇨, 고지혈증을 유발하는 요소이므로 체중조절이 급선무이며, 흡연도 심혈관질환 뿐만 아니라 뇌혈관 질환의

원인이므로 주의해야 합니다. 이런 위험인자의 제거와 예방은 마음을 편안히 갖고 혈액순환을 원활하게 하여 우리 몸의 생리활성을 높입니다. 천연 효소온욕은 자율신경계 자극으로 혈액순환을 원활히 하고 온 몸이 이완되는 느낌으로 심리적인 안정을 취할 수 있기 때문에 중풍 예방 및 치료에 도움을 줍니다.

▷ 천연 효소온욕은
- 원적외선 전신자극 : 혈액순환 원활, 심신안정
- 위험요소 제거 및 예방 : 고혈압, 당뇨, 비만, 고지혈증, 심장질환

10) 전립선 비대증

전립선이 비대하면 요도를 짓눌러 배뇨장애를 일으키는데, 오줌이 자주 마렵거나 소변 후에도 조금씩 흘러내리고 방광에 오줌이 차있지 않아도 오줌을 누고 싶은 느낌을 받습니다. 그 원인은 규명된 것이 없으나 나이가 들면서 증가하고 정상기능을 하는 고환이 필요하다는 두 가지 사실만이 밝혀져 있습니다. 50대의 50% 이상이 이 증상을 가지고 있는데, 최근의 고열치료법은 60℃ 이상의 고열로 전립선 내부의 한정된 부위를 다스리므로 요도, 방광, 직장 등에 손상을 주지 않아 합병증도 거의 없습니다. 천연 효소온욕은 고열치료와 마찬가지로 65℃ 이상의 고온 발효열과 온 몸 깊숙이 침투하는 원적외선으로 합병증 우려가 없고 저렴하며 고혈압 조절, 당뇨개선, 혈행원활 등 부가적인 도움을 얻을 수 있습니다.

▷ 천연 효소온욕은
- 고온발효열, 원적외선 전달 : 고열치료법과 유사
- 합병증 없고 저렴
- 고혈압 조절, 당뇨개선, 혈행원활

11) 교통사고 후유증

교통사고로 부상을 입었을 때 빠른 응급처치와 외과적 처치를 하였지만 일정기간이 지나서도 남아있는 후유증으로 고통 받는 환자가 많습니다. 수술에 따른 후유증으로 마비, 두통, 어지러움, 각종 관절통, 염좌 등을 호소하는데 한방에서는 이를 해소하기 위해 어혈제거와 기혈소통을 사용합니다. 교통사고로 생긴 어혈은 정상적인 생리기능이 상실된 혈액이 응

고되어 혈액순환을 방해합니다. 이에 따라 특정부위 통증, 출혈 지속, 아랫배 그득감 등이 나타나므로 혈액순환을 원활하게 하여 어혈을 없애야 합니다. 천연 효소온욕은 원적외선과 고온 발효열에 의해 세포의 생리 활성작용을 촉진하여 혈액순환을 왕성하게 하고, 말초혈관의 혈류량을 증가시켜 체내에 쌓여있는 어혈을 풀어주기 때문에 교통사고 후유증 관리에 도움이 됩니다.

▷ 천연효소온욕은
 - 원적외선, 고온발효열 : 혈행원활, 어혈제거
 - 마비, 두통, 어지러움, 각종 관절통, 염좌, 아랫배 그득함, 지속성출혈 등을 해소

12) 스포츠손상 회복 및 예방

스포츠손상은 인대손상(염좌), 과사용증후군, 근육손상(아킬레스건 파열, tennis leg, 근육타박, 근경련:쥐)이 있습니다. 이에 대한 처치는 얼음찜질, 압박, 휴식, 온열찜질 순으로 시행하며, 몸의 손상에 대한 회복 뿐만 아니라 예방까지도 같이 고려해야 합니다. 특히 몸을 따뜻하게 자극하여 혈액순환을 향상시키면 운동하기에 적당한 체온을 만들어주므로 스포츠손상 예방과 회복에 매우 좋고, 젖산과 같은 체내 피로 누적물질 제거도 촉진하여 스포츠후유증을 없애는 데 좋습니다. 즉 천연 효소온욕은 발효열과 원적외선이 세포를 활성화하므로 혈액순환을 원활히 하여 스포츠손상 회복과 후유증 예방에 적합한 처방이라고 할 수 있습니다.

▷ 천연 효소온욕은
 - 원적외선 체내 깊숙이 전달
 - 피로누적물질(젖산 등) 급속 분해
 - 혈액순환과 생리활성을 원활히 해줌으로써 스포츠손상을 빠르게 회복 및 예방

Ⅳ. 효소온욕의 임상체험 사례

1. 피부미용

1) 오십견과 불규칙한 생리주기가 사라지다

우연히 점심먹으러 갔다가 엔자임하우스와 인연을 맺게 되었다. 결혼 이전부터 직업병의 일종으로 일찍이 오십견을 앓아 조금만 피곤하면 손을 올리지 못했고 그 통증은 목까지 이어지곤 했다. 평소 혈액순환이 안돼 한의원에서 수차례 약도 먹고 침도 맞고 했지만 이렇다할 효과를 보지 못했던 터라 처음 효소온욕을 접했을 때도 큰 기대는 없었다. 체성분 분석 결과 노폐물이 많이 쌓여있고 체지방비율이 많이 높다고 했다. 근육량도 부족하다고 하니 기초대사량은 더더욱 낮을 수밖에. 결혼하고 아이 낳고 10킬로가 불어나 겉으론 "체격 좋다"는 소리를 들었지만 운동부족으로 인해 전체적으로 몸 상태는 부실했다. 40세가 넘어가면서 생리도 불규칙해졌고 색깔도 혼탁하다. 밀져야 본전 이라는 생각으로 3번의 체험기회를 가졌는데 효소온욕이 좋다는 결론을 내리게 되었고 지금은 정기권을 끊어 일주일에 2번씩 효소온욕을 하고 있다. 15회 정도 효소온욕을 해 본 결과 오십견이 거의 없어졌고 신기하게도 2~3개월에 한번씩 하던 생리도 28일 주기로 돌아왔다. 푸석푸석하던 피부도 매끄러워지고 더 이상 화장이 뜨지 않아 외출도 즐거워졌다. 더불어 체중도 4킬로나 빠졌다. 아마도 운동을 좀 더 열심히 했더라면 5킬로는 더 감량할 수 있었으리라. 지금은 일주일에 한 번씩 효소온욕을 하며 운동도 열심히 하고 있다.

2) 여드름 치료 효과 봤어요

여드름이 심해 대인공포증으로까지 이어졌다. 그런데 효소온욕을 체험한 후 여드름도 많이 개선되고 머리도 맑아져서 집중력이 높아지는 것을 느낄 수 있었다. 그래서 시험기간에도 빠지지 않고 효소온욕을 하고 있다.

3) 독소해독으로 아토피 잡았어요

20대부터 아토피증상이 두드러졌다. 피부과도 다녀봤고 현재도 한의원에서 치료를 받고 있다. 관절부위가 안좋아 침술까지 병행해 진료를 받고 있는 중이다. 밤마다 가려움 때문에 잠을 설칠 때가 많다. 지푸라기라도 잡는 심정으로 한방과 효소를 병행해서 치료를 받기로 했다. 큰 기대 없이 몸 속의 독소를 분해하고 해독까지 해주어 아토피 치료에 탁월하다는 설명을 듣고 무작정 시작했다. 그러나 결과는 200% 만족이었다. 효소온욕을 한 날은 잠을 푹 잘 수 있었고 가려움증상도 많이 좋아지기 시작했다. 거칠거칠하던 피부도 부드러워졌다. 바쁜 날에도 꼭 와서 효소온욕을 즐기게 되는 이유가 바로 여기에 있다. 주1회 이상 관리를 받고있다.

4) 어두운 얼굴 톤이 밝고 환해졌어요

성인여드름 때문에 정기적으로 관리를 받아왔지만 병원을 다닐 때 외에는 큰 효과를 보지 못했다. 평생 병원을 다닐 수도 없는 노릇이니 답답했다. 시간이 갈수록 다크서클까지 심해져 얼굴전체가 잿빛으로 어두워졌다. 효소온욕을 찾았을 때 단순한 피부트러블이아니라 몸 속에서 문제가 있어 생기는 여드름일 경우에는 몸의 균형을 맞추는 것이 우선이라고 했다. 신기하게도 효소온욕을 시작하면서 고질병으로 여겨왔던 생리통, 아토피, 비염, 변비가 많이 좋아졌다. 피부색도 많이 밝아지고 여드름도 많이 사라졌다. 이제는 주변사람들에게 안색이 좋아졌다는 이야기를 자주 듣는다. 행복하다.

5) 홍조증이 개선되었어요

혈기왕성한 30대 남성으로 평소 고민은 홍조증이었다. 양 볼 주위와 코 부분이 붉어서 술을 마신사람으로 오해를 받기도 할 정도였다. 당연히 외모에 대한 스트레스가 많을 수 밖에 없었다. 친구들이나 이성을 만날 때도 호감이 있는것으로 오해를 받는 경우가 종종 있었다. 그러다가 엔자임하우스를 알게 되었고 원장님과 상담을 통해 효소온욕 후 피부관리를 받기로 했다. 상담을 하면서 그 동안 쌓인 감정이 폭발해서 정말 욱하는 심정으로 효소온욕을 했던 것 같다. 원장님은 정말 따뜻하게 이해를 해주셨고 금방 좋아지는 문제는 아니지만 같이 노력해보자고 하셨다. 효소온욕을 하면서 술과 담배를 줄였다. 시간이 지나면서 안면 홍조도 많이 사라졌다. 특히 코부분이 많이 좋아져서 친구들이 놀랄 정도다. 앞으로 완전히 홍조증에서 벗어날 때 까지 열심히 관리를 받아 볼 생각이다.

6) 기미가 사라지고 있어요

어릴 때부터 피부가 좋은 편이라서 별로 고민 없이 살았다. 그런데 출산 후 갑자기 전에 없던 기미가 올라오기 시작했다. 한의원, 피부과를 다니며 기미를 없애려고 노력했지만 뿌리가 깊어서인지 계속해서 기미는 올라왔다. 돈도 많이 들어서 어느 정도 포기하고 두꺼운 화장으로 가리고 다니기 시작할 무렵 엔자임하우스를 알게 되었다. 큰 기대 없이 효소온욕을 시작했는데, 불규칙한 생리가 균일해지더니 기미도 점점 옅어지는 것을 느낄 수 있었다. 몸이 건강해진다는 생각이 들어 급하게 욕심부리지 않고 효소온욕을 꾸준히 받고 있다.

7) 아토피가 사라졌어요

나는 고3 수험생이다. 효소온욕으로 지긋지긋한 아토피에서 벗어난 이야기를 하고 싶다. 2006년에 광고를 보고 엔자임하우스에 방문하게 되었다. 아토피가 심해서 진물이 나다 못해 피가 날 정도로 피부상태가 아주 심각했다. 스테로이드 연고를 발라도 그 때 뿐이었다. 어머니도 울고 나도 울고 아토피 때문에 정말 고생을 많이 했다. 처음 효소온욕을 시작했을 때 상처부위가 따가워서 너무 괴로웠다. 하지만 참았다. 몸 속 열독이 배출되지 않아 아토피가 나타나는 것이니 모두 배출될 때까지 꾸준히 효소온욕을 받아야 했다. 한달 동안은 하루도 거르지 않고 효소온욕을 받았다. 한달이 다 될 무렵 나를 괴롭히던 끔찍한 가려움증이 서서히 없어지기 시작했다. 그 때부터 일주일에 2번 정도로 온욕의 횟수를 줄였다. 이제 고 3이 된 지금, 아토피는 완치되었다. 생리통도 사라졌다. 아토피로 고생하는 사람들을 보면, 내 이야기를 해준다. 지독한 아토피도 효소온욕으로 고칠 수 있다고 나는 믿는다.

8) 건선이 좋아지고 있어요

평생 낫지를 않던 건선이 좋아지고 있어 감사한 마음에 글을 남긴다. 나의 건선증상은 특정 부위에 있는 것이 아니고 몸 전체에 퍼져 있었다. 특히 목덜미가 심해서 스트레스를 많이 받았다. 총 30회 중 12회 효소온욕을 했는데 많이 개선되었다. 이 여세를 몰아 앞으로 남은 18회 동안 정말 열심히 효소온욕을 받을 생각이다. 깨끗해질 그 날 다시 한번 후기를 남기고 싶다.

9) 피부가 밝아 졌어요

효소온욕을 1주일에 2번 정도 하는데 처음에는 땀이 많이 나지 않았다. 그런데 회를 거듭할 수록 땀의 양도 많아지고 개운함도 더 느낄 수 있었다. 2달정도 지나니 피부가 몰라보게 환해졌다. 각질도 사라지고 촉촉한 느낌이 남아 사람들이 예뻐졌다고 비결을 물어오곤 했다. 그럴 때면 효소온욕을 이야기 하며 함께 받아보자고 권한다. 주변사람 중에 닭살이 개선된 분도 있고, 칙칙했던 안색이 밝아진 사람도 있다. 이제는 사람들이 나를 효소온욕 전도사로 부를 정도로 나는 효소온욕의 매니아가 되었다.

2. 피로회복

1) 만성피로에서 벗어났어요

오랜 병간호로 몸과 마음이 지쳐있을 때 전단지를 보고 혹시나 하는 생각에 엔자임하우스를 찾았다. 신경이 예민해 숙면을 취하지 못해서 늘 머리가 아프고 피부도 엉망이었다. 40대 후반이면 갱년기 장애로 고생을 하게 된다더니 나 역시 예외일 수 없었다. 3회의 체험 후 혈액순환이 잘되어 몸이 따뜻해지는 기운을 느낄 수 있었고 단 3회의 체험만으로 들쑥날쑥 하던 생리가 다시 나오기 시작했다. 효소온욕 후에는 머리는 개운해지고 만성적 피로감도 조금은 나아지는 것을 느낄 수 있었다. 지금은 상담자의 권유로 먹는 효소(ROH-30)를 함께 음용하여 효소온욕을 계속하고 있다. 현재 10회째 받고 있는데 아토피도 좋아지고 피부도 고와져서 주변 사람들에게 예뻐졌다는 말을 듣고 있다.

2) 효소온욕 후 찾아온 달콤한 숙면의 행복

아토피가 심해 아침에 일어나는 게 너무 힘들었다. 밤새 가려움증에 시달리다 보면 수면부족으로 머리도 멍하고 눈꺼풀도 떨리고 공부에 집중하기가 여간 힘든 게 아니었다. 설상가상 저혈압 증세까지 있어 늘 기운이 없었다. 공부 스트레스로 평소 밥맛도 없고 변비까지 있어서 하루하루가 힘들기만 했다. 억지로 엄마 손에 이끌려 엔자임하우스를 찾던 날에도 얼굴에는 아토피와 여드름으로 피부는 칙칙하고 얼굴 혈색도 검은빛이었다. 상담 후 먹는 효소와 효소온욕을 병행해서 체험하기로 하고, 주 3~4회 체험을 했다. 그런데 아토피가 처음에는 더 심해지는 듯 하더니 차차 증상이 호전되기 시작했다. 아토피가 개선되면서 점점 숙면을 취하게 되고, 공부 집중력도 커지니 성적도 좋아지게 되었다. 음용효소 덕분인지 변비도 해소되어 요즘은 즐거운 아침을 맞고 있다.

3) 생활을 활기차게 하게 되었어요

어린이집을 운영하다 보니 스트레스도 많고 업무량도 많아 지친 몸을 이끌고 엔자임하우스를 찾을 때가 많다. 얼마 전에 갑상선 수술을 해서 효소온욕을 할 때 목을 두껍게 덮는다. 그렇게 효소온욕을 하고 나면 몸 전체 컨디션이 좋아지고 목도 한층 부드러워짐을 느끼게 된다. 요즘은 음용효소도 함께 먹고 있다. 먹었을 때와 안 먹었을 때 체력차이를 느낄 수 있다. 효소온욕 후에 받는 마사지 덕에 건조한 피부도 많이 완화되었다. 지금은 연회원으로 가입해 관리도 받고 있다.

4) 직업병, 효소온욕으로 치유했어요

건출설계사라는 직업 특성상 주야를 막론하고 일에 매달리게 된다. 오히려 집중이 잘되는 밤 작업을 즐겨하게 되니 밤낮이 바뀌면서 피로감이 누적되어갔다. 업무가 컴퓨터로, 주로 앉아서 하는 작업이기 때문에 손을 올리지도 못할 정도가 되었고 수족냉증과 스트레스로 인한 비만까지 겹쳐서 더 이상 이렇게는 안되겠다 싶어졌다. 지인의 소개로 효소온욕과 복부관리, 팔 관리를 평행하고 있는데 몸이 많이 따뜻해지고 어깨 통증은 물론 체중도 많이 줄었다.

5) 가족에게 친절해졌어요

20여년 직장생활, 아이 뒷바라지에 하루하루가 어떻게 지나가는지 모르게 바쁘게만 살아왔다. 그런데 몇 년 전 부터는 이런 반복적인 생활이 힘들어 몸무게도 줄고 얼굴에는 늘 피곤한 그림자가 떠나지를 않았다. 가족들에게도 짜증이 늘었다. 그러던 중 지인의 소개로 효소온욕을 알게 되었고 주말마다 이곳을 찾고 있다. 짧은 시간이지만, 효소온욕을 하고난 뒤 피곤함도 사라지고 얼굴혈색도 좋아졌다. 생활도 활기차졌고, 가족들에게 짜증을 안부리니 삶이 평안해졌다. 스트레스와 육체의 피로를 날려주는 효소온욕의 효과를 톡톡히 보고 있다.

6) 머리가 맑아졌어요

평소 스트레스를 많이 받고나면 머리에 비듬이 생기는 체질이다. 스트레스가 올라올 때면 나도 모르게 머리를 버벅 긁고 있다. 개선을 위해 유명한 한방샴푸도 써봤지만 기름기만 흐르고 두피에 뾰루지가 생기는 등 기대하던 효과를 보지 못했다. 그러던 중 우연히 효소온욕을 받게 되었고 두피관리도 체험하게 되었다. 처음에 관리사님이 머리를 만질 때 너무 아팠다. 목 뒤쪽 부분도 마사지를 받는데 아파서 눈물이 찔끔찔끔 날 정도였다. 관리사님 말로는 너무 많이 뭉쳐 있어서 꾸준히 관리를 받아야 한다고 했다. 평소 두피 고민이 있었기 때문에 시험 삼아서 관리를 계속 받았다. 한 5번 정도 받았을 무렵 비듬이 사라지고 목 뒤 뻐근함도 사라졌다. 오랜만에 만난 친구들도 젊어진 것 같다고 요즘에 관리 받느냐고 한마디씩 했다. 효과를 톡톡히 보았기 때문에 요즘에도 1주일에 한번씩 효소온욕과 관리를 받으러 간다.

7) 스트레스로 오는 통증을 효소온욕으로 해결했어요

얼마전 스트레스를 크게 받을 일이 있었는데 어깨에 통증이 덩달아 심하게 나타났다. 일도 힘든데 어깨도 뭉쳐서 목도 잘 안돌아갈 지경이었다. 짧은 시간에 통증을 개선할 방법을 찾던 중에 회사 동료의 소개로 효소온욕을 하게 되었다. 점심시간에 잠깐 짬을 내서 꾸준히 받았는데 효과가 정말 있었다. 15분 정도 아무생각 없이 입효를 하고, 샤워를 하고 나오면 향긋한 효소 냄새가 몸에 배어 있었다. 특히 밤에 숙면을 취하게 되니 업무 집중력도 올라갔다.

3. 비만 관리

1) 두 달 만에 8.5kg 감량했어요

안해 본 다이어트가 없었다. 경험이 많은 만큼 후유증도 많이 겪어 보았다. 체중이 많이 늘다 보니 허리도 불편해 운동을 하는데 어려움이 많았다. 지인의 소개로 엔자임하우스의 다이어트 프로그램을 시작했을 때 체중은 75.2kg. 매일 먹는 효소를 음용하고 효소온욕을 한 지 8주만에 67.2kg. 8kg 감량에 성공했다. 운동을 전혀 하지 않은 상태에서 단지 효소를 음용하고 효소온욕만으로 체중이 이만큼 줄은 것이다. 단순히 체중만 감소된 것이 아니라 체지방 비율도 25.2에서 16.9로 감소해 요요현상 없이 다이어트에 성공할 수 있었다. 지금은 얼굴에 좁쌀처럼 나던 피부트러블도 없어지고 무릎에 나던 습진도 거의 없어진 상태이다.

2) 무리한 다이어트 후유증에서 벗어났어요

무리한 다이어트로 20kg 체중을 감량한 후 심각한 후유증을 겪었다. 지독한 변비로 매일 매일이 괴로웠고, 수족냉증으로 인해 여름에도 양말을 신고 있어야 했다. 얼굴 전체는 좁쌀처럼 하얀 백여드름이 자리를 잡고 있어 결혼을 앞둔 나이에 고민이 아닐 수 없었다. 우연히 인터넷에서 미생물 찜질이 독소를 제거하는 데 효과적이라는 정보를 알게 되어 엔자임하우스를 찾았다. 생소하기만 한 효소온욕이었지만, 처음 입효 할 때 그 따뜻함을 지금도 잊을 수가 없다. 따뜻한 온기가 몸 속 깊은 곳까지 전달되는 그 느낌이 너무 좋았다. 온욕 후 올려주는 팩은 뜨거운 열기를 식혀주어 시원했다. 3회째부터 효소도 같이 음용했다. 효소를 마시고 온욕을 하면서부터 변비에서 해방되었다. 20회를 하고 났을 때는 몸이 한층 가벼워짐을 느낄 수 있었다. 얼굴 전체를 뒤덮고 있었던 백여드름도 자취를 감추었다. 체중도 크게 변하지 않고 요요현상을 겪지도 않았다. 건강과 아름다움을 찾고 결혼도 했다. 지금은 친정에 올 때마다 2세 탄생을 준비하는 마음으로 효소온욕을 즐기고 있다.

3) 미녀들의 수다 "손요" 효소온욕 체험기

아는 분의 소개로 2009년 8월 20일 처음 방문하여 효소온욕이라는 것을 경험하게 되었다. 효소온욕은 중국에서 뿐만 아니라 한국에서도 한 번도 본 적이 없는 것이라서 신기했다. 그러던 중 매우 피곤하고, 얼굴빛이 칙칙하고 기력이 없던 어느 날 효소온욕이 생각났다. 그래서 다시 2010년 5월 23일 엔자임하우스를 방문하였다. 체중, 체지방 등 몸 상태와 오라컴으로 현재 에너지 상태를 확인하였는데 몇 달 사이에 체중이 4.6kg 늘었고, 체지방률은 3.5나 늘어서 표준범위를 넘겨버린 상태였다. 그동안 방송출연이 뜸해 몸매 관리에 신경을 덜 쓴 탓도 있지만 새로 시작한 사업 스트레스로 때문에 몸이 불어난 것 같다. 몸 관리도 관리지만 피로회복 차원에서 효소온욕을 다시 시작했다. 몸이 뜨끈뜨끈해 지면서 땀이 뻘뻘 나고, 피곤이 절로 풀어지는 것 같았다. 마음도 편안해졌다. 특히 효소온욕이 끝난 후 받는 마사지가 피로를 싸악 가시게 만들었던 것 같다. 관리사님의 손길이 스칠 때마다 고향에 온 것 같은 편안함을 느꼈다. 이때 병행했던 사운드테라피는 몸과 마음을 이완시켜 주었고 행복한 마음까지 선물해 주었다. 아직 완전회복은 안되었지만 체중도 조금씩 줄고, 칙칙했던 피부도 다시 아기 피부처럼 보들보들하고 맑아졌다. 그리고 가장 좋은 점은 피곤이 모두 사라졌다는 것이다. 아무리 바쁘더라도 더 자주 올 수 있도록 노력하고 있다. 앞으로 한 달 내에 몸무게 원상복귀가 목표이다. 그리고 기회가 된다면 중국에 효소온욕을 가지고 가서 소개하고 싶다.

4) 슬림한 몸매로 변신중이에요

안해본 다이어트가 없을 정도로 평생 다이어트를 하고 살았다. '다이어트는 나의 운명'이었던 것이다. 그러다가 효소온욕을 알게 되었다. 이 역시 다이어트의 일환으로 체험을 하게 되었다. 생각해 보다 가격이 비싸서 망설였지만 패키지를 과감하게 끊었다. 효소를 차로 마시고, 효소온욕을 하며 10회 이상 관리를 받았다. 신기하게도 운동을 따로 하지 않았는데 시간이 갈수록 근육량은 늘고, 체지방은 줄어들었다. 정성스럽게 몸을 마사지 해주는 손길이 좋아서 나중에는 가격이 비싸다는 생각이 들지 않았다. 15회 관리를 받고 나니 체중이 3kg이나 줄어있었다. 앞으로 목표는 8kg 감량이다. 지금껏 해보았던 어떤 다이어트보다 편하고, 행복하게 살을 뺄 수 있어서 만족하고 있다.

5) V라인을 위하여

늘 각진 얼굴이 콤플렉스였다. 엄마는 계란형 얼굴인데 왜 내 얼굴은 사각형인지, 머리카락으로 얼굴을 가리고 다녔다. 엄마와 동생은 V라인이라서 은근히 나만 이렇게 나아준 엄마를 원망한 적도 있었다. 하지만 엔자임하우스를 다니면서부터 얼굴라인이 몰라보게 예뻐져서 요즘에는 행복감을 느끼고 있다. 거울보기도 싫어했는데 요즘에는 혼자 거울을 보며 흐뭇한 미소를 짓고 있을 때도 있다. 머리고 과감하게 올려 유행하는 '사과머리'도 하고 다닐 정도가 되었으니 말이다. 친구와 함께 다니기 시작했는데 친구는 여드름 특수관리를 받았고 나는 일반 피부관리를 받았다. 한 달 정도 지났을 때 친구의 여드름이 많이 들어간 것을 볼 수 있었다. 하지만 나에게는 변화가 별로 없어서 조금 우울했다. 평생 각져있던 얼굴이

한 달 만에 갸름해질 것이라는 기대를 한 내가 바보 같아서 그냥 포기하고 싶어지기도 했다. 이런 고민을 알고 계신 관리사님의 세심한 터치 덕분이었을까. 3개월이 지나면서 변화가 나타나기 시작했다. 얼굴라인이 이렇게 달라질 수 있다니 너무나 신기했다. 관리 전후 사진을 올리고 싶지만 얼굴을 드러내기가 부담스러워 글로만 남긴다. "선생님, 저 앞으로 더 열심히 관리 받을게요. 완전히 브이라인 될 때 까지 더 힘써주세요."

6) 여름 휴가지에서 몸매를 뽐내다

여름 휴가 2개월 전에 엔자임하우스 다이어트 프로그램을 시작했다. 상체는 빈약한데 하체가 너무 튼튼해서 고민이었기 때문이다. 비키니를 잘못 입으면 정말 적나라하게 두꺼운 허벅지가 부각될 수 밖에 없는 상황이었다. 친구들과 동해안에 가자고 약속을 한 뒤 본격적인 관리에 들어갔다. 원래 체질적으로 하체비만인줄 알았는데 관리사님의 말을 들으니 그런 것이 아니었다. 책상에 앉아 있는 시간이 너무 많고, 하체가 냉하여 혈액순환이 원활치 않아서 하체가 정체되고 결국 붓기가 살로 변했다는 이야기를 들었다. 그래서 관리사님이 권유해주는 대로 효소온욕을 하고, 전신관리를 병행했다. 효소온욕의 덕분인지 정말 효과가 금방 눈에 띌 정도로 나타났다. 혈색도 좋아지고 피부도 부드러워졌다. 여름 휴가 내내 친구들이 예쁘다는 질투 섞인 말을 해주어 행복했다. 앞으로도 효소온욕을 받으며 하체관리를 하고 건강관리도 병행할 생각이다.

7) 살도 빠지고, 변비에서도 해방됐어요

고도비만으로 살을 빼기 위해 엔자임하우스에 방문했다. 평소 소양증이 심해서 피부도 늘 거칠었다. 물을 많이 먹고 운동요법을 같이 병행해야 효과가 배가 될 수 있다는 조언을 받고 열심히 효소온욕을 하면서 운동도 꾸준히 했다. 몇 차례 효소온욕을 하고 난 뒤 놀랍게도 변비에서 해방될 수 있었다. 평소 물먹기를 좋아하지 않아 피부도 건조하고 변비도 심했었는데, 운동과 효소온욕을 병행하면서 물을 많이 먹도록 노력했다. 그 결과 이제는 바디로션을 바르지 않아도 될 정도로 피부가 매끄러워지고 체지방비율이 낮아져 고도비만에서 비만으로 탈바꿈하였다. 이전보다 팔과 다리가 훨씬 가벼워진 느낌이다. 지금도 지속적인 관리를 받고 있다. 단 8회의 체험만으로 변화를 느낄 수 있었던 효소온욕. 이제는 내가 전도사가 다 되어 몸이 아프다는 주변사람들에게 "나 달라진 것을 보라"며 권하고 다닌다.

4. 독소 배독

1) 갱년기 증상이 완화되었어요

남들이 갱년기 운운할 때 그러려니 했다. 그런데 언제부터인지 온몸이 나른하고 피곤이 밀려왔다. 피부도 예전 같지 않아 화장도 뜨기 시작하면서 불안함 마음이 들었다. 효소온욕이 갱년기 여성 질환 개선에 효과적이라는 전단지를 보고 엔자임하우스를 찾게 되었다. "효소온욕은 사람이 생명을 유지하는데 꼭 필요한 효소가 체내에 흡수될 수 있도록 하는 온욕법" 이라는 설명을 듣고 체험을 해보았다. 그런데 효소온욕을 하고 며칠이 지나자 등 어깨 앞가슴에 좁쌀만한 것들이 솟아나기 시작했다. 그 증상은 더 심해져 얼굴과 손 빼고는 몸 전체가 빨갛게 일어나고 가렵기 시작했다. 효소온욕 부작용으로 생각되어 그만둘까 생각하다 끝까지 한번 믿어보자는 마음으로 계속 진행했다. 얼마 동안 그 증상은 지속되다가 붉은 부분이 점차 어두워지면서 각질이 두꺼워졌다. 잠시 효소온욕을 중단하고 목욕탕에서 때를 밀었는데 그 뒤로 더 이상 일어나는 것도 없고 가려움증도 나아졌다. 지금은 피부가 너무 좋아져 거울도 자주 보게 된다. 혈압도 183/91 에서 166/87로 점점 안정을 찾아가고 있다.

V. 효소온욕의 농촌 적용

1. 개 요

현대인들이 자연치유에 대한 체험과 내면의 자기성찰이 있는 치유관광을 위한 농촌 자원을 이용한 모델로 '치유마을'이 성공하기 위해서는 주민들이 치유 프로그램을 실행에 옮기기 쉬워야 하고 도시인들이 찾아와서 건강증진과 치유효과를 얻을 수 있어야 합니다. 그래서 농촌에서 쉽게 자원을 활용할 수 있어야 하고 건강증진과 치유효과를 쉽게 확인할 수 있는 콘텐츠이면서 도시보다 농촌에서 실행에 옮기기 쉬운 콘텐츠로 두엄 속 고온 내열성 미생물을 활용할 수 있는 온열 치유요법이 '효소온욕'입니다.

주로 농촌에서 쉽게 구입할 수 있는 쌀겨(미강) 등을 사용하여 전기 기타 에너지원을 사용하지 않고 미생물의 활동에 의하여 열이 발생하는 저비용·고효율의 자연치유요법입니다. 이하 농촌에서 적용할 수 있는 효소온욕에 대한 적용 방법을 제시하고자 합니다.

2. 시 설

효소온욕은 '입효 순서'에서 보았듯이 나무로 된 욕조 속에 미강을 발효시켜 만든 효소 매질 속에 모래찜질 하듯이 들어가서 약 15분 정도 입효를 하여 2시간 이상 유산소 운동효과를 볼 수 있는 온열치유요법입니다. 가로 2200cm 세로 1200cm, 높이 750cm 정도의 옹이가 없는 홍송으로 된 욕조를 제작하여 쌀겨(미강)을 잘 발효시킨 효소매질을 450~500kg을 넣으면 됩니다.

3. 발효방법

친환경 미강에 고온 내열성 미생물을 주입하여 사람이 온열찜질로 사용하기 위해서는 발효기간이 약 2달 정도 소요됩니다. 하지만 주)B&F엔자임하우스가 연구개발한 발효 방법에 의하면 그 시기를 20일 이내로 단축할 수 있습니다. 톱밥이나 쑥, 탈지강 등을 이용하는 방식은 더 짧은 시간 내에 발효할 수 있지만 미생물의 먹이인 쌀겨(미강)나 배지가 반드시 필요합니다. 16년간의 임상 체험사업을 한 결과 배지 없이 쌀겨(미강)만으로 발효를 시킬 수 있고 이를 영구적으로 사용할 수 있어서 쌀겨(미강)만을 이용한 효소온욕을 추천합니다.

4. 교반 및 사후관리

1) 입효 후 재입효 전 교반

효소온욕에 사용되는 고온 내열성 미생물은 호기성 미생물로 한 사람이 효소매질 속에 들어가 15분 정도 누워 있다가 나오게 되면 효소매질이 눌려서 혐기성 상태가 됩니다. 그래서 다음 사람이 들어갈 수 있도록 호기성 상태로 만들기 위하여 공기에 노출될 수 있도록 교반을 하여야 합니다. 또한 다음 사람을 재입효하기 위해서는 교반 후 일정한 시간 동안 방치하여 전 사람이 입효시 체내에서 떨어진 땀이나 피부각질 및 무점균 등을 우점종인 고온 내열성 미생물이 정화할 수 있도록 교반 후 약 15분 이상의 시간이 필요합니다.

　2) 사후관리 교반

매일 아침 입효 전 효소매질의 온도가 65도 내지 67도 정도이지만 욕조당 4 내지 6명의 입효를 마치고 나면 입효과정에 수분이 줄어들고 효소매질의 온도가 약 55도 내지 60도 정도로 떨어집니다. 그래서 수분과 먹이를 보충해 주어야 하는데 먼저 호기성 상태로 만들기 위하여 교반을 한 다음 수분을 보충하고 먹이를 준 후 8시간 정도 미생물이 스스로 열을 올릴 수 있는 시간이 필요합니다. 이때 수작업으로 교반할 수도 있고 교반기를 이용하여 교반하거나 시스템 교반을 할 수 있습니다.

5. 입효 방법 등

구체적인 입효 방법 등에 대한 노하우는 축적된 지식을 모아 놓은 '엔자임하우스 가족 가이드북'을 참조할 수 있습니다. 직접 배우기 위해서는 2박 3일 정도 엔자임하우스 본점(경기도 파주) 또는 지점(경남하동 악양) 등에서 직접 체험하면서 배울 수 있습니다.

6. 지적재산권 사용

고온 내열성 미생물을 이용한 효소온욕에 대한 특허가 주)B&F엔자임하우스의 노력으로 대전 생명과학연구원에 고온 내열성 미생물(Bacillus Coagulens)를 원기탁하고 특허청에 특허출원 및 등록이 완료되어 있습니다. 이를 이용하기 위해서는 주)B&F엔자임하우스와 협의를 통해 진행하면 됩니다.

7. 교육 및 운영관리

입효방법과 운영관리에 대한 교육을 위해서는 런칭 전에 2박 3일 정도 직접 체험 및 실습이 있는 교육을 본점 또는 런칭된 효소온욕이 있는 곳에서 받을 필요가 있으며 미생물의 활성상태 및 운영관리를 위해서는 18

개월간 3번 정도 런칭된 효소온욕의 매질 상태를 점검 및 운영관리에 대한 지도가 필요합니다.

8. 효소온욕의 농촌적용 사업화

이미 2012년 서울시가 실행하려고 기획했던 전력사업 지원사업(안)과 경상남도가 2017년 9월에 자금 집행하여 런칭된 '경남 하동군 악양면 상신흥리 신흥길 167'에 런칭된 2개 욕조에 대한 계약과 제반 내용을 참조하여 진행하면 될 것 같습니다.

Ⅵ. 마치면서

조선시대 안동지방에서 유래되어 두엄에서 발현된 고온 내열성 미생물을 응용한 효소온열요법은 전통 체험지식과 농촌자원을 가장 잘 활용할 수 있는 방안입니다. 미생물과 인간이 열에너지의 전사를 통해 함께 공생·공존하여 자연 생태환경과 체험지식 및 생활양식을 아우르는 서로의 생명력을 함께 높이는 원원의 관계로 미래에 귀결될 자연치유 생활문화 생태계가 발현되는 생명사회를 여는 단초로서 마중물 역할을 할 수 있으리라 믿습니다.

우리 농촌 환경이 아직은 관행농법으로 우리 땅을 병들게 하고 있지만 곧 치유농법으로 자연 재배할 수 있는 생태계를 점진적으로 이루어 가면서 자연치유 요법으로 잘 정비된 치유마을 모델이 안착되어 남을 위해 미리 따로 떼어 놓은 여량가치를 실천하는 우리의 생활양식을 배우러 지구촌 가족들이 우리 농촌으로 찾아올 수 있는 날이 곧 도래하리라 기대합니다.

효소온욕을 치유마을 체험사업으로 런칭하기에 적당하지만 지금까지의 경험에 비추어 볼 때 주민간의 공감대 형성이 먼저이고 이를 바탕으로 프로그램을 운영할 수 있는 스스로의 역량강화를 위하여 점진적으로 실행하면 좋은 성과가 있으리라 기대됩니다.

2012년 서울시가 시비로 만든 전략사업 지원사업(안)으로 '고온성 미생물을 이용한 스파시스템'의 분석 내용(첨부된 별첨 내용 참조)을 보면 글로벌로 통할 수 있는 자연치유 전략사업으로도 손색이 없습니다. 더욱이 국민들의 건강을 생활 속에서 자가치유 할 수 있어서 생활 지향적이고 전통 체험지식을 공유할 수 있어서 농축산식품부가 중심이 되어 농민들의 힘으로 미래의 보건복지 비용부담을 줄일 수 있는 농업과학형・생태공존형 모델로서 가치가 있습니다.

또한 우리나라의 바이오 기술과 IT, CT 및 AI 등 융복합적 6차 산업으로 이해와 인식을 공유할 수 있다면 농민들과 함께 정부와 지방자치단체가 전략적으로 체험사업과 전략사업을 구분하여 인바운드 관광객을 유치하면서 해외 판매망을 갖춘 전략사업으로 우리 대한민국만이 할 수 있는 자연치유 생활양식 생태계 기반의 플렛폼 사업을 준비할 필요가 있다고 생각합니다.

집필인 조록환, 이세구, 이재호, 박 포

편집인 심근섭, 조록환, 염성현, 김진오, 이현정

농촌 치유자원 활용기법

초판 인쇄 2020년 06월 18일
초판 발행 2020년 06월 25일

저 자 농촌진흥청 국립농업과학원
발행인 김갑용

발행처 진한엠앤비
주소 서울시 서대문구 독립문로 14길 66 205호(냉천동 260)
전화 02) 364 - 8491(대) / 팩스 02) 319 - 3537
홈페이지주소 http://www.jinhanbook.co.kr
등록번호 제25100-2016-000019호 (등록일자 : 1993년 05월 25일)
ⓒ2020 jinhan M&B INC, Printed in Korea

ISBN 979-11-290-1598-3 (93520)   [정가 10,000원]

☞ 이 책에 담긴 내용의 무단 전재 및 복제 행위를 금합니다.
☞ 잘못 만들어진 책자는 구입처에서 교환해 드립니다.
☞ 본 도서는 [공공데이터 제공 및 이용 활성화에 관한 법률]을 근거로 출판되었습니다.